优雅女人的气质修养与社交礼仪

尼娜 ◎ 著

中国华侨出版社

图书在版编目（CIP）数据

优雅女人的气质修养与社交礼仪/尼娜著. — 北京：中国华侨出版社，2014.9

ISBN 978-7-5113-4890-6

I. ①优… II. ①尼… III. ①女性-修养-通俗读物②女性-心理交往-礼仪-通俗读物 IV. ①B848.1-49②C912.1-49

中国版本图书馆CIP数据核字（2014）第214248号

• 优雅女人的气质修养与社交礼仪

著　　者 / 尼　娜		
责任编辑 / 文　蕾		
责任校对 / 孙　丽		
经　　销 / 新华书店		
开　　本 / 787毫米×1092毫米　　1/16	印张 / 14.5	字数 / 220千
印　　刷 / 衡水泰源印刷有限公司		
版　　次 / 2015年2月第1版　　2018年2月第8次印刷		
书　　号 / ISBN 978-7-5113-4890-6		
定　　价 / 32.00元		

中国华侨出版社　北京市朝阳区静安里26号通成达大厦3层　邮 编：100028

法律顾问：陈鹰律师事务所

编辑部：（010）64443056　　　传真：（010）64439708

发行部：（010）64443051

网　址：www.oveaschin.com

E-mail：oveaschin@sina.com

前言 做一个真正优雅的女子
PREFACE

提起"优雅"这两个字，很多女性的第一反应很可能是诚惶诚恐。20岁的时候，风华正茂，对这两个字敬而远之；30岁时，和生活纠结得厉害，觉得做到这两个字很难；40岁时，一切尘埃落定，方觉"优雅"更多时候是一种心态，是做女人的一种境界。

其实，在女人20—30—40岁的过程中，谁未曾哭过、笑过、得意过、失意过、开心过、伤心过……区别就在于你是选择稀里糊涂地过一辈子，还是选择用一颗真心记录下这些过程中的酸甜苦辣，做一个有态度的优雅女子。

也许在很多女性的成长过程中，并没有多少人参加过高雅茶会，没跳过沙龙舞，也没上过插花课程。生活刚够填饱肚皮，衣服不是折扣店淘的就是捡闺密穿过的。舞蹈班、钢琴课、鸡尾酒会……尽管很多朋友乐在其中，对自己来说却遥不可及。

其实，优雅的魅力从来都不是靠妩媚的面貌、做作的体态，甚至是很多金钱来打造的，而是一种源于内在的美，是需要时间来慢慢修炼而成的良好修为与素养。像著名的美国作家杜鲁门·卡波特说的那样，"拿走他们的钱财，他们将一无所有"，智慧、品位、气质、修养是无法用钱财和容貌换来的。

毋庸置疑，优雅女人的外表非常重要，它可以说是你的"敲门砖"。我们常说"第一印象"之所以如此重要，是因为太多时候你不可能有第二次机会。既然这样，为什么不让自己呈现出最

前言 PREFACE 做一个真正优雅的女子

好的一面呢?事实上,没有化妆师、发型师和服装造型师,你也可以让自己看起来很棒。

除了外表,"行为举止—谈吐—与人相处—商务、公共场合的礼节—餐桌礼仪",这些都是定义"优雅女人"要考虑的几个方面,也是最基础的衡量标准。从如何做聚会的女主人到如何做聚会上的客人,从如何回应邀请函到如何吃中西餐,从如何接打电话到乘坐交通工具……你的言行举止时刻都在佐证你是否是个"优雅女人"。

然而,真正优雅的女人,她的内心必定是宽容平和的,能够用恬静的微笑去坦然面对生活的得与失,用宠辱不惊的心态去面对人生的风起云涌,命运的跌宕起伏。即便是在岁月的磨砺中,也能于淡定从容中静观花开花落,笑看云卷云舒,于时间中沉淀下来生命的精华。

她的情感是温婉细腻、善解人意且成熟理智的。她的温婉体贴如夏日里的一抹清凉,给人清新舒畅的感觉;她的温柔善良如三月醉人的春风,给人暖暖惬意的味道。

当然,真正优雅的女人必然受过良好的教育(并不是说她要有多高的学位,更看重的是她的教养);懂得不断地用丰富的学识充实自己,在学习中升华自己。她独立自信,拥有自己的天地。一言一行、举手投足间常常流露出成熟女人的韵味,令人深深沉醉。

可以说,真正的优雅女人就应该是外表美丽,举止优雅,内心充满了爱与善,那种由内而外流泻出来的超凡雅韵才会令人赏心悦目。只要你想,你就可以做到。《优雅女人的气质修养与社交礼仪》就是写给有自我提升意识的女性的,它可以给你无穷的信心,由内而外打造你美丽人生的黄金资本,让你一生优雅地生活。

谨以此文,解读"优雅"。

以下有14条被认为是女人最缺少优雅气质的表现,你以为如何呢?

小测试:你看起来怎么样?

1. 不懂修饰:没有修饰的女人如同送给别人的礼物没有包装。
2. 不会微笑:面部僵硬的女人是在内心加了一把冰凉的锁,所以,Smile,please。
3. 不说谢谢:记得,永远不要忘记对帮助你的人说谢谢。
4. 吝啬道歉:多说一句"对不起"可以化解数不清的烦恼,让女人从心底优雅。
5. 没耐心倾听:倾听有时比沟通更重要,尤其是女人。
6. 打探隐私:交头接耳,鬼鬼祟祟,只会让你变成狭隘和龌龊的女人。
7. 不穿礼服:隆重的场合穿着随意的服饰,是对主人极大的不尊重。
8. 穿着过于开放:裙子的长度和领口的深度直接影响周围人对你的评价。
9. 香气过浓:粗俗女人好出风头的气味痕迹。
10. 争先恐后:总是争先一步,就总会早一步泄露你的不雅。
11. 不回避私事:在公共场所补妆,修整衣物,等等,是把私人的事抖落给公众。别忘了,女人的私事永远不是别人的事。
12. 乱了位次:开会、行走、坐车、上下电梯的错位,让自己尴尬,也让别人尴尬甚至反感。
13. 目光冷漠:眼睛是礼仪无形的第一语言。
14. 乱吃一气:无论是中餐还是西餐,都是考验女人教养的关键时刻。

你一定会问,怎么样才算是真正的"优雅女人"?优雅女人是天生的吗?有名的女人就是优雅女人吗?……这正是《优雅女人的气质修养与社交礼仪》最核心的问题。

优,美好;雅,正也。
优雅,就是追求完美的心气与接纳不完美的淡定。

在本书，作者从护肤心得、穿搭哲学、内在修养、社交礼仪等方面揭示了优雅女人的小秘密——如何打造魅力得体的外在、如何修炼优雅迷人的内在、如何给人留下良好的印象、如何追求有品质的生活、如何成功处理两性关系，以及出入商务、餐厅、歌剧院、音乐厅等各种场合时，如何才能完美地展现自己的魅力，艳压群芳。

同时，书中还包含了大量的实用技巧，有肌肤容光焕发的护肤圣经，有最偷懒的保持身材的方法，有让声音、仪态变得高贵优雅的修炼法……一句话，有了这些规则，你将永远不会出错，这些含苞待放的美好啊，总有一天会让你绽放成为有魅力的优雅女人。

还犹豫什么，
　　　现在就开始享受这趟优雅之旅吧！

气质修养篇

优雅,无关时间只关态度
内心的美才是真正的优雅

004　你的内在潜质比美貌更出众
006　教养是女人最美的外衣
008　唯有淡定,方能优雅
010　无论上帝赋予什么,都要用得出彩
012　情绪是映衬人品的一面镜子
015　优雅,时而又有些性感的女性最美
018　懂得留白,生活才有惊喜
021　当遭遇挫折和失败
023　把快乐和满足当作成功

Part 1

Part 2

做一个敢素面的女子
优雅女人的护肤圣经

026 适合自己的就是最好的
029 裸妆——最具亲和力的自然妆
031 肌肤完美术，让你时刻容光焕发
034 想要更美丽，补水无比重要
036 美白真的能让你变白吗
038 樱唇一启，梅香摇曳
041 毫无拘束的发型最靓丽
043 保持美丽的秘诀，在于好好爱自己

Part 3

你就是自己的穿衣教主
优雅女人的穿衣哲学

046 装扮自己之前，先了解自己
049 自我装饰是你的权利
052 从鞋开始的优雅姿态
055 穿小黑裙永远不会错
057 女人天生爱包包
059 围巾的味道
061 外套的极品是风衣
063 巧戴首饰，让你光彩夺目

Part 4

不同场合妆容与服饰的搭配
让你在每个场合都焕发光彩

- 066　不被衣装所束缚，做独一无二的自己
- 068　休闲衣橱更易穿出格调
- 070　职场女性干练也要优雅
- 072　生活就像走红毯，重要时刻如何光彩照人
- 075　坚持做正确的事：读懂邀请函的着装要求
- 077　简洁主义：简洁不等于简单

追求有品质的生活
从简单的生活中采撷情趣

- 080　心有梦想，才能走得更远
- 082　无论单身或结婚，最重要的是要快乐
- 084　读书，留一点静好的时光给自己
- 086　不旅行，不知世界有多美好
- 088　运动是件美好的事
- 091　不搽香水，是没有前途的
- 093　芳香精油的诱惑
- 096　会享受食物，才会享受生活

Part 5

Part 6

重要的第一印象
女性自信是参与社交的第一步

- 102　微笑，优雅女人从来不会吝啬
- 104　妙不可言的目光交流
- 107　握手的学问
- 109　优雅的基础，擅于自我表达
- 112　声音：女人的另一副容颜
- 114　打招呼——最基本的社交礼仪
- 116　拥抱和亲吻也有定式
- 118　美好体态：出类拔萃的小秘密

得体的职场礼仪
办公室女王的气质修行

- 122　做个受欢迎的工作伙伴
- 124　当你有了下属，更好地相处才是最重要的
- 126　与异性同事相处也是一种能力
- 128　办公室里的话题
- 130　别在工作餐上出"洋相"
- 132　开门与关门：细节体现优雅
- 135　举止礼仪，打造属于你自己的标志

Part 7

Part 8

优雅的商务礼仪
演绎无可挑剔的超凡魅力

138 电话礼仪：看不见的教养
141 当优雅女人收到仪束时
144 行进优雅有学问
146 我们所不知道的——会客位次大揭秘
148 谈判时，始终把友好摆在第一位
150 用你的礼节签出经济效益
153 影响心情、影响成败的商务座次
156 商务舞会上，永远都要像女主角一样

Part 9

中餐的餐桌礼仪
女性良好教养的招牌

160 预约：电子时代不可不知的礼节
162 餐桌上你到底是谁，该如何入座
164 点菜：来一次优雅的冒险
167 中餐料理的上菜顺序，你懂吗
169 中餐餐桌上的亮点——餐具至上
172 中餐厅应急情形问答

Part 10

西餐的就餐礼节
吃出你的优雅女人味

176　认识西餐厅：成为魅力达人的第一步
179　起坐有礼的用餐姿态
183　西餐与餐酒的爱慕关系
186　自助餐：优雅与野蛮只一线之隔
188　鸡尾酒会：女人风情万种的小秘密
191　社交晚宴——终极优雅的舞台
193　来一场西餐用餐的实战
198　西餐厅应急情形问答

Part 11

公共场合的优雅
你的气质比美貌更出众

202　公共场合：彬彬有礼是件好事
204　公交设施上，也要自己美美的
207　自驾时的优雅风情
209　剧院、音乐厅——重要场合如何光彩耀人
211　入住酒店，如何展现你最大的魅力
214　最高机密！别让优雅与体贴分开

216　结束语　优雅女人的一天

优雅,无关时间只关态度

内心的美才是真正的优雅

Part 1

你的内在潜质比美貌更出众

魅力是一种内在美,而不是妩媚的面貌和动人的体态。

——布雷默

很多女孩都有过这样的疑问:"我不喜欢读时尚杂志,也没有那么多时间逛街,也判断不出别人穿衣到底好不好看,更不知道自己该穿什么类型的服饰,我这样的女孩能变漂亮吗?能变优雅吗?"其实,这个世界上,没有人生来就是魅力非凡的。

也许你会问了:"那些从丑小鸭变身白天鹅的明星,让她们实现惊人蜕变的真正秘诀又是什么呢?"我会毫不犹豫地告诉你,在这方面,一个优秀造型师的作用是极其巨大的,他们在明星成名过程中的功劳是不可磨灭的。

真正的美丽是发现内在的自己

很多人都知道,美国的梦工厂是名副其实的造星工厂。华纳兄弟、米高梅电影公司,曾雇用大量的专家团队,极其精确地分析了众多大牌好莱坞明星的脸型和体形。之后,这些专家会向梦工厂提交一份绝密报告,里面正是对明星从头到脚、最细致入微的改造建议。正是根据这些走在时尚前沿专家们的建议,以及一流发型师和化妆师的对症下药,才最终把原本极其普通平常的璞玉,转眼雕琢为光芒四射的明星。

性感女神安吉丽娜·朱莉，刚出道时狂野地披着一头毫无光泽的黑发，还被时尚界刻薄地评价为具有"奇怪的长相，如同搞笑的提线木偶"的女孩，然而，在造型师的帮助下，她慢慢转变成一个衣橱里挂满了时装品牌，带着贵族气息的魅力女人。

但是女孩们，请不要气馁，不要失望，认为只有明星才有这样的资格和特权，得到专属造型师、发型师、化妆师的特别打造。要知道，美丽永远不是表面的，真正的美丽是穿透表面的衣服和装饰，真正的美丽是直达内心，发现内在的自己。

> 我们只有真正地了解自己，才能找到独属于自己的美，无惧流行和潮流的变化。更简单地说，这一切的秘诀，是你愿意改变的心。

不做流行追逐者

如今的时尚界与过去标志性的不同便是对个性的包容。相比以前任何时候，现在的穿衣规则无疑是最具宽容性，最有松弛度的，但是，为什么还有那么多女性依旧穿着同样的紧身裤、晒成同样的小蜜色，或者烫着同样的梨花烫，穿着同款的雪地靴呢？答案就是，她们都是在跟风，模仿那些舞台、荧幕和T台上最为耀眼的明星们。殊不知那些明星们正是知道如何展现自己的优势，才能从芸芸众生中脱颖而出，拥有别人无法比拟的独特感染力。

从事造型工作已有十余年光景的台湾第一造型天后——谢丽君曾说："无论对象是谁，想穿对衣，穿好衣，做到两点就可以：一、了解自己；二、不盲从流行。因为造型是因人而异的，你才是重点所在，只有你才能改变自己。"在她看来，造型不需刻意，而是随手拈来的生活情趣，试着把生活的美学融入你的世界，拥有好心情自然就会变美！

教养是女人最美的外衣

> 只有美貌而缺乏修养的人是不值得赞美的。
>
> ——弗朗西斯·培根

一位思想家曾写过这样的话:"教养比法律还重要,它们依着自己的性能,或推动道德,或促成道德,或完全毁灭道德。"一个女人可以不漂亮,可以不美丽,甚至也没多少气质,但是不能没有教养。教养是一种潜在的品质,有教养的女人不会随着岁月流逝而渐失光泽,反而会越发耀眼迷人。

女人的魅力——教养

时尚专家张晓梅说:"我始终认为,女性的教养程度是衡量社会文明的一个重要标准,女人的教养决定着一个国家和民族的修养和前途。我特别想告诉女性朋友的是,女性修养、女性魅力是需要用心体味和感悟的,它是女人修炼的结果。通过不断地修炼,每个女人都可以今天比昨天、明天比今天更有魅力。更重要的是,是否知晓魅力的重要性,是否愿意不断学习提升魅力的方法,是否能够把提升魅力作为生活的一个重要内容并为此做出长期不懈的努力,会对一个人的事业和人生产生重要的影响。"

对凡尘中的我们来说,什么是教养呢?教养是一种潜在的品质,让人在不知不觉中肃然起敬。教养是一种内敛的修为,让人在潜移默化中慢慢地体味和感悟，教养是一种沉淀的魅力，是足够的历练和智慧的浑然天成。一个有教养的男人总是让人心生好感，而一个有教养的女人，总是让人如沐春风。

如何做个有教养的女人

教养，是日常生活细节中给人的一种印象，也是一种说不出、道不明的感觉。当然，一个人的教养不是可以一蹴而就的，也不是单纯的礼貌，而是一种习惯的积累，一种涵养的综合。

> 在古代形容一个男人有教养是"谦谦君子，温润如玉"，夸一个女人有教养是"知书达理，温柔贤惠"。

如果教养是花，那么智慧则是不可或缺的养分。对女人而言，智慧是博爱与宽容，是充满自信的风采，是情感的丰盈与独立，更是不计较得失的平衡心态。

有教养的女人，不一定坚强独立，但大都崇尚本真的自我，她们懂得只有心灵的纯净和善良，才能感受生命的真实。有教养的女人，不一定家世良好，但大都爱好读书和学习，她们懂得只有知识的充实和强大，才能忠实自己，受益一生。有教养的女人，即使看透世态炎凉，人情冷暖，依然对生活充满激情。她们非常清楚地明了万紫千红也好，繁华落尽也罢，都不过是人生的过眼烟云。一味地计较得失，只是自寻烦恼。从现在起，做一个有教养的女人吧，世界会因为有你，而变得更精彩，更美好！

唯有淡定，方能优雅

人生如三道茶：第一道苦若生命，第二道甜似爱情，第三道淡如微风。

——三毛

淡定是一种丰富的精神安宁，一种平和的岁月静好。一个女人拥有这样高品质的爱，才能够浸润在风晨雨夕，面对着阶柳庭花，听得到天籁，感受得到自然的脉搏。可是，我们很多人常常像一个被宠坏的孩子，总是有太多的抱怨，太多的不平衡，太多的不满足，我们向生活索取的越多，最终失去的也会越多。

其实，幸福就像手心里的沙，你握得越紧，失去得越快；幸福就像彼岸的花儿，隐约可见，却无法触摸。或许，付出真心的人未必能换来真心，但是你无须后悔，能够拥有一颗平静的心，未尝不是一件好事；或许，明天还是个未知，但是只要你相信明天不会是最坏的，上天依然会对你公平相待。没有什么是真正的对与错，更没有太多的仇与恨，何不看淡这一切呢？

优雅是一种淡然的心境

现实生活，教会我们淡定的往往是"经历"，当我们伤过、痛过、爱过、恨过……我们的心终会因这些经历而变得成熟，终会在这些经历中学会如何去控制自己的情绪与生活。

有人可能会说，在经历过后变得淡定也许是对人世间死了心，所以才能如死灰一般去对待。其实不然，因为经历，我们才更懂得生活；因为淡定，我们才更懂得享受平静与安宁带给我们的快乐感与幸福感，最终获得那份淡然的心境。

怎样才能做一个淡定优雅的女人

淡定的女人知道什么是该忘记的，什么是不该忘记的，她们总能轻松自如地生活；淡定的女人知道什么时候该清醒，什么时候该糊涂，她们总能愉快幸福地享受人生。

假如婚姻抛弃了她，她不会悲伤绝望，因为她知道还有更好的人在路上等着自己，抛弃的只是暂时的不快乐，人生没有那么不幸。

假如健康和她开了一个小小的玩笑，她不会悲伤绝望，因为她知道人生原本就充满了许多未知，既然能开心地活一天，为什么要悲伤地哭泣呢？

假如遇到坎坷，她不会悲伤绝望，她觉得其实做女人挺好，做不成女强人就做个小女人，退和进都有路可走。

……

其实，对于淡定的优雅女人来说，幸福真的可以很简单，父亲的一个关切的眼神，母亲的一句絮叨，远方朋友的一个来电，都可以让她幸福上好几天。

当然，淡定不是让我们放弃什么，而是教你在短暂的人生旅程中，如何做到优雅、从容，享受那一份淡淡的轻盈。这是一种生活态度，一种人生境界，对简单生活的一种追求。心无外物，一片清明，方能沉淀出生活中许多纷杂的浮躁。做个淡雅的女人并不是遥不可及的梦想，每个女人都有使自己淡定、优雅的潜能。总有一天，你会明白，淡泊而宁静才是真正的人生。

无论上帝赋予什么,都要用得出彩

我需要与众不同,而且无可取代。

——可可·香奈儿

通常,一个女孩取得自信的最大障碍就是她难以接受自己并且相信自己的身体。所以,无论如何,请欣然接受自己的长相吧。坦率地说,既然身处这躯壳中,就让自己舒舒服服的吧。

在你身边(或者就是你自己),或多或少有几个朋友身体会有不足。A有个朋友,常咒骂自己的胸部,那也是A见过的最为扁平的胸部。老实说,很多女性都是"超级双平"——也确实,她们从脖子到肚皮的部分本来就是凹陷的。

但是无论是曲线丰满还是精瘦骨感的女孩,都不应该因为上帝或者基因赋予她的身材而完全失去魅力。真正有魅力的姑娘都以自己的身体为荣并相信自己的美丽。

事实上,你觉得自己有多么性感,你就有多性感。所以,即使你是同事中最高的女孩又怎样?请照样穿超高的细高跟鞋吧,这样会让你的双腿看起来更修长。不信,你可以问问超模朋友,她们会很清楚地告诉你:鹤立鸡群没什么可惭愧的——而且很有可能,最高的那个女孩社交能力也最强。但是有一点请记住:无论你做什么,都不要弓着身子,否则你会驼背。没有哪位男士会喜欢穿高跟鞋的罗锅子的,即使她有世界上最修长的腿。

你是否拥有修长如天鹅般的美颈呢？平滑的领口能够凸显出脖子的美丽；健美的胳膊在无袖衬衫的映衬下会显得美轮美奂；如果你的手腕又优雅又可爱，那就不要让珠宝遮盖了它的光彩——什么都不戴，只穿一件七分袖的衣服，就足以让你光彩照人；如果你有女人味十足的小蛮腰，那就不妨用腰带把它束好了；系带的鞋子在一双纤细的脚腕上会显得很美，如果能配上合身的长裤或者短裙就更棒了。

> 变漂亮的重点在于你要自我感觉良好，这种感觉源自你的内心，而不光是靠健身或调整饮食得来的。

如果你又要抱怨，"我的屁股或者胸部上有多余的赘肉怎么办？"亲爱的，那就在条件好的部位多做点文章吧，在乳沟里喷点香水，可以让你瞬间魅力十足。

话又说回来了，假如你身材矮小又怎么样呢？多在高跟鞋上花点本钱或者找一个比你更矮小的同伴吧。但是别忘了：虽然你矮，可你的自信并不比别人少。

情绪是映衬人品的一面镜子

> 感觉是一切虚幻事件的核心。它从未确立过任何事情，但又和任何事情息息相关。情绪是埋在所有真实上面的浮土，不把它们清理干净，真相就无从裸露。
>
> ——毕淑敏

女人一辈子最强劲的敌人莫过于自己的情绪，而女人最宝贵的财富不在别处，在于保持一颗宁静的心。善于掌控自己情绪的女人才能掌控幸福，拥有正面思维的力量才能内心强大。有情绪，懂情绪，爱上自己的小情绪，笑着和自己和解，才能做一辈子的优雅女人。

你被坏情绪"绑架"了吗

绑架？如果你既不是政界要员，也与达官贵人无瓜葛，更非富豪之后，应该不会遭遇。这里，我们要说的是被坏情绪绑架。现代女性总是为很多东西所累：为金钱，为情，甚至为美貌。累的结果却是累出了很多坏情绪。

其实，女士们何必如此呢？人是世上感情最丰富的动物，也是情绪最多的动物。喜、怒、哀、乐，对于每一个人来说，都是再正常不过的事，何必让那些小事打扰了我们的生活和情绪呢？不过，有人免不了会说，做个心平气和的女人，掌控自己的情绪和生活又谈何容易呢？

当你下次产生负面情绪时，不妨找一个独处的环境，体会自己正经历着怎样的感受：内疚、怨恨、害怕、惊讶，还是哀伤？你会发现，事实上，人的情绪不是单一的，常常是几种情绪混杂在一起的。为此，你需要问自己这样几个问题：

我怎样形容自己的情绪？
是什么让我有这样的感受？
我的情绪与事实是正相关吗？
我的情绪与过去的经历有关吗？
我准许自己有这样的情绪吗？如果不能，为什么？

在回答最后一个问题时，我们往往会发现，有些感受是我们不愿承认的，因为这样会暴露我们的"弱点"。比如，连着好几天，你一直闷闷不乐，回想一下，你会发现自己之所以会这样，是因为有人借你的东西迟迟没有归还，可是，你又不愿意承认，因为这会让你觉得自己"小心眼儿"。此时，最重要的是提醒自己，你也是人，也有"人之常情"的反应。当你和别人多多交流就会发现，其实别人也有类似的感受，只不过大家都不愿承认罢了。

我们为什么会情绪失控

人之所以会被情绪控制，主要是因为当人们的周围环境变化得过快时，人们的潜意识会告诉自己："不，绝不能让自己受到伤害，我一定要保护自己。"的确，这时人的情绪就会指导其将自己变成一只蜷缩好的、准备战斗的刺猬，于是，会毫不留情地攻击给你施加伤害的人。这也就是我们所说的情绪失控。

其实，很多女士都知道控制情绪的重要性，不过她们在遇到具体问题的时候，往往却不由自主。她们会说："我也知道控制情绪的重要性，也梦想做一个温文尔雅的女人。可是，控制情绪实在是一件太困难的事情。我做不到。"显然，她们是在向别人表示："我做不到，我真的无法控制自己的情绪。"

因此，女士们如果想主宰自己的情绪，成为情绪的主人，首先要让自己有这样的信念：我相信自己，我一定可以摆脱情绪的控制，无论如何我都要试一下。

事实上，当我们不再和情绪对抗，而是让自己全然感受那份心情，并允许它存在时，它才会开始弱化。

优雅女人是如何消除负面情绪的

优雅女人知道，无论面对什么问题，如果你不面对它，不承认它，只能被动地受其影响，这样更没有办法处理问题。所以，在负面情绪面前，她们首先想做到的就是承认并悦纳自己的情绪。

一种方法就是"寻根溯源"。当你有了情绪，并且能够立刻察觉出来时，比如说生气，那就问问自己为什么生气？为什么难过？如果是你的胡思乱想惹得你不开心，那就问问自己，除了胡思乱想，你还有没有其他的替代想法？

再就是要养成这种觉察情绪的习惯。如果你被激怒了，感到心中有一股排山倒海的怒气马上就要爆发出来，并觉得自己怀着敌意的冲动时，你一定是觉察到它的存在了，并且知道它随时要产生失控的行为——可能说错话，也可能做错事。只有觉察到它的存在，保持警觉，理性才可能帮你渡过难关。而当你的情绪好起来的时候，则要立刻抓住这一丁点心灵的火苗，焕发巨大的热情。

优雅,时而又有些性感的女性最美

> 优雅不是要传达低调,而是要抵达一个人非常精华的层面。
>
> ——克里斯汀·拉克鲁瓦

现在,你需要沉下心来直面自己曾经不敢或不愿面对的话题——性感。在很多女人,性感这件事,总觉得是个有点纠结的话题。

有没有既优雅又性感的女性

肯定有不少女孩从小就喜欢Barbie(芭比),如果谁送了自己一个Barbie娃娃,那一定是最难忘的礼物。当这些女孩长大以后,可能就会想:是不是喜欢Barbie的女人,潜意识里都会希望自己能有Barbie那样的完美身材,而做到那样才是一个性感的女人呢?

是不是可以这么理解,如果在你身边有这样一个女朋友(或许压根就是你自己),有那么点儿胖、有那么点儿矮、有那么点儿平胸、有那么点儿小腿短粗,我们是不是忍不住要为她遗憾,也许她这一生永远无法与"性感"有缘呢?颇具讽刺意味的是,一项关于性感话题的调查结果显示,当女性被问到"你觉得自己性感吗"时,有一半多的调查者的答复是从来没有。

我们为什么不自信

那么,在性感这个问题上,我们到底为什么不自信呢?想必很多女性都会觉得自己的身材和perfect（完美）没有任何关系，身体上的哪个部分都离Barbie美女标准差着十万八千里：眼睛不够大、鼻梁不够高、胸部不够丰满、腿不够修长、臀部不够翘……事实上，我们的不自信不是因为男人看我们的目光，而是我们自己对自己的评价。

不管你信不信，我们都想由衷地对你说，如果性感是10分，那么天生的相貌和身材最多只占5分，而另外5分完全要靠后天努力才可以掌握。其实，每个女人，无论你自己的身材条件如何，都要建立自己的性感自信观，性不性感，是真的可以由我们自己决定的。说到底，性感是一种气质，是女人从骨子里散发出来的自信与力量。即使你没有标准的身材，也可以成为一个性感女人。

性感是怎样炼成的

从现在起，请大家开心地大笑着说："我们要和Barbie Say No！"没错，Barbie再可爱，不过是我们摆在卧室里的洋娃娃，而我们自己，不是Barbie，是有着鲜活个性，可以发自肺腑地笑，可以开心地舞动身体的女人，性感其实不只在身材。性感，是一个女人内心魅力加外在魅力的爆发。

> 若想做一个性感的女人，最离不开的还是愉悦的心情。无论你拥有多么迷人的容貌，多么性感的身材，如果你整天垂头丧气，又能好看到哪去？唯有心情愉快，充满朝气与活力，才能给人一种美的享受，才能让人感觉到你不娇柔、不做作的性感。

你只要相信自己是性感的，你已经性感了三分；你的内心是充实而强大的，又多加了三分；你懂得如何把自己的相貌和身材扬长避短，再加三分，如此算来就是九分，任何一个女人想不性感都难了。

那么，性感又是怎样炼成的呢？

1. 性感和说话的声调有关。性感之所以是性感，在于它能引发一种女性的吸引力。很明显，一个言辞含蓄婉约的女人肯定比一个喜欢指手画脚、说话粗声大气的女人更有气场。

2. 性感和神态有关。你专注地去看一个人或者一样东西，那个人也会被你迷住，那样东西虽然不会说话，但也一定忘不了你的凝视。性感总是和专心有些瓜葛，这是不可否认的。

3. 性感也和姿态有关。提起性感，不免会让人联想到张扬的搔首弄姿，要知道，更高境界极富美感的性感，其实是从骨子里渗透出来的性感。女人于举手投足之间，将羞涩和大方、妩媚和端庄演绎出最完美的结合才是最具性感的画面。

4. 性感当然还和着装有关。女人的性感更在于得体的衣着，高跟鞋是一定要学会穿的，它会让自己的腰和臀看起来不那么做作，可以有节奏地跟着你的高跟鞋一起摇摆；晚礼服是一定要试一下的，它可以让你的胸部呈现出最优美的线条，让裸露的后背有丝一样光滑的肌肤，最重要的是可以让你体验当明星、变公主的感觉，而一个女人无比知足的时候，她的脸上会呈现一种娇嗔的红晕，那个时候自然是最性感的。

懂得留白,生活才有惊喜

> 十全十美是上天的尺度,而要达到十全十美的这种愿望,则是人类的尺度。
>
> ——歌德

什么才是真正的生活

梁文道曾写过一篇专栏,题目是《关掉手机的生活才是真正的生活》,下面节选部分内容跟大家分享:

关于生活所有该知道的事,其实我们早就知道了。如果还要靠看书来提醒,只因我们习性太深。手机,一种最能剥夺自由的工具,却总被宣传成"让你自由自在,随时保持联系"的好东西。

……

其中最令我印象深刻的教训,恰恰是我早已实行了多年的规则。比如说"不要一整天都在打电话,应把该联络的人全数列出来,电话一次打完"。我通常会拨出30分钟的通话时间。电邮如是,一不小心,它"可是会成为生活的主宰",所以"每天只在固定的时间收发信件"。对于上了黑莓瘾,3分钟收不到邮件就浑身不自在的人来说,这似乎有点不可思议,可是回头想一想,联络到底是为了什么?

从前是因为有事才想到要联络他人，现在却是为联络而联络，所以我坚拒使用MSN和QQ之类的东西。常常有人和我索取联系方式，彼此交换电话电邮，再顺道问一句："你有没有MSN，这样子会更方便些"。方便？我就不想这么方便，更何况那根本算不上是方便。且看一般人使用这类聊天工具的习惯，有事没事都要搭上几句话，谁上线了就跟谁说声"Hi"，谁说自己今天不开心就要草草安慰两句问他到底怎么了。这种沟通没有多大的意义，作用就是让沟通继续下去。

工具让人异化，现代的通讯工具就是最好的例子。我们不再问它的目的何在，我们只是被它使用，让它成为自己的主人，制造出大量且有害的废话（例如八卦是非、谣言中伤）。就算一句话都不说，但你不觉得谁上线都得通知大家一声是很无聊吗？到了最后，你的工作效率降低，休息时间大幅减少。

我计算了一下，在没有使用手机之前，我每天花在电话上不多过20分钟，如今已膨胀为40分钟了。有了电邮，我每日与人联系的时间又多了1小时。如果你还使用MSN，又喜欢不停收发手机短讯，那么一天下来大概就要用掉3小时以上去和别人保持联络。一天24小时，你有多少个3小时？

……

让生活"留白"，也是一种态度

想必很多人都没有勇气关掉手机超过24个小时（除非飞行超过24小时），更有甚者，甚至经常在微博上大骂那些不回短信、不接电话，还有动不动就关机的朋友，这些人似乎早就成了跟中了手机鸦片似的那一类人，没有手机，心就会慌。但是梁老师的文章，却在传达另一个声音：在你拼命奋斗的时候，得给自己的生活留点空儿。懂得留白，生活才有惊喜。

> 曾有人问钢琴家鲁宾斯坦："你如何将钢琴的音色处理得这么超凡入圣？"鲁宾斯坦只是笑了笑说："我的弹奏技巧并不比别人好。不过'停顿'，是艺术的精华所在。"

亲爱的女士们，我们是不是该反省一下，是不是把生活都安排得太满了？原本太满的初衷也许是为了让生活更完美，但是太满的安排却让生活也"忙得喘不过气"。

其实，让生活"留白"，更是一种生活态度，很多大家日常都会碰到的小事，换过角度去想、去处理，生活就会变个样子，惊喜并不是老天给的，是日子里你让自己松一下，生活就反馈给你的小礼物。

很多时候，我们都希望生活变得更完美，但有的时候，过度追求完美反而会让自己甚至家人都变得很累。也许你会说，"现在都说出名要趁早，我都奔三了，还没找到好老公，没做成一个像样的事业……"假如你能换个角度想想，其实人生不是很短而是很长，一个人和两个人是完全不一样的两种快乐模式，用心享受当下又何尝不好。

完美不是快乐人生的唯一标准，让自己偶尔偷个小懒儿、开个小差儿，容忍自己有做得不够好、不够完美和失败的时候，当你自己放松下来了，生活才会有"空白"。

留白，就是给生活的天空嵌上星星，让生活有亮的光束。趟过岁月的烟尘，修炼一种与世无争的悠然，竹叶杯中，吟风弄月，是一种闲适，是一种生活的智慧。

当遭遇挫折和失败

谁没有蘸着眼泪吃过面包，谁就不懂得什么叫生活。

——马克·吐温

当挫折和失败来临的时候，很多女人都曾怀疑过自己，"我是不是没有年轻时有智慧了？""我是不是不值得他爱了？""我究竟是哪里出了问题？我为什么会输得这么惨？"事实上，每个女人终其一生都会有这样一些经历。

生活因挫折而精彩

著名影星梅丽尔·斯特里普说："有时我真的很怀疑自己，人生真是太痛苦了，我为什么还要活着呢？"生命中总会要经历苦难，尽管我们总是希望自己有平和的心态去面对那些我们无法改变的事情，有足够的勇气来改变那些力所能及的事，有超凡的智慧洞晓这其中的差异。但是当我们遇到挫折和失败时，还是会不止一次地问自己："我该怎么办？"

也许很多女性以为那些看起来那么成功的女强人，一定没有碰到过什么困难。但事实却恰恰相反，她们一直都碰到或大或小的问题，只是她们非常清楚"生活有进有退，输什么也不能输了心情"的道理。不过，看一个人如何来处理生活带给他的一道道难关，不也是判断一个人品质的好标准吗？

遇到挫折，我们该怎么办

在人的一生当中，我们渴望四样东西：爱、健康、尊敬和成功，但是它们常常叫人难以捉摸。你爱的人也许会为了其他人而离开你，生病、被人看不起、失业……我们几乎不可能总是过自己心想事成的日子。既然令人糟糕的事情总是不断发生，我们是否有办法来解决这些困难呢？

1. 填写你的幸运列表

每个人都会有自认为很幸运得到的东西，可能是健康、好姐妹，也可能是一头乌黑亮丽的秀发。一旦遇到困难，你就看看这张"幸运列表"。当事情变得糟糕透顶的时候，你还可以在这张"幸运列表"中加入更加基本的东西，比如，"我还能看见光明！""我还能呼吸"……当你有了这张表，在许多艰难时刻，日子自然会过得顺利一些，你也能学会以积极和珍惜的心态看待人生。

2. 适时地痛哭一场

如果事情变得让你忍无可忍，那就让自己好好哭一场吧，这似乎是上天赋予女人的特殊礼物。哭泣可以消除心理负担，会让你觉得疲惫，进而帮助你入睡。当你在第二天平静下来再回过头来看时，事情也许就没有你想象中那么坏了。毕竟岁月需要流转才有戏，人间没有悲欢不成篇。

3. 塞翁失马，焉知非福

很多时候，你是不是常常因为没有得到自己想要的东西而备受打击，但到最后，又总会发现还是没有拥有它比较好。其实，这个世界没有变，而是我们在变。祸福旦夕，焉能得知？如果能让自己平静下来，让一切顺其自然，你就会发现所有的事最终都能得到解决。

4. 从失败中学到经验和教训

优雅女人从来都对未来的美好生活执着以求，即使遭遇失败挫折，她们也会常常问自己，"我从这次经历中可以学到什么？"其实在每天的生活当中，我们总能学到很多东西。尤其能从遇到的困难中获取力量，以及对自己、对他人和对生活的全新认识。请记住，往往是压力铸就了璀璨的钻石，它也会引领你遇见生命中的辽阔。

把快乐和满足当作成功

> 成功的意义应该是发挥了自己的所长，尽了自己的努力之后，所感到的一种无愧于心的收获之乐，而不是为了虚荣心或金钱。
>
> ——罗曼·罗兰

在今天，成功好像是一件又困难又容易的事情。说它困难，是因为很多人都常抱怨自己挣钱少，做的工作微不足道；说它容易，是因为只要赚了足够的钱，就有人说你是成功的人。

什么是成功

如果你想成功，首先要明确成功的定义。是有钱，还是出名？其实，单纯的金钱对我们来说没有太大的意义。尽管我们的生活离不开金钱，金钱也应该是对一个人的出色工作和个人价值的回报，但绝不能以此为目的。

成功应该包括健康、活力，以及来自亲朋好友的支持和一种知足的心态。当你把这一切和基本物质需要的满足结合在一起时，你才会感受到真正的快乐，这才是每人都能达到的成功。

现如今，很多人认为一个女性的成功就是指她事业上的成功。其实，一个选择做家庭主妇，并且把家庭打理得井井有条的女性何尝不也是一个成功的女性呢？很多时候，成功就是快乐和满足，当然，这里的满足并不是简单的欲望的实现，而是珍惜你所拥有的一切。

成功者需要具备的7种素质

在成功的优雅女士身上，我们往往会看到一些特别的素质，以下这些素质就是这些成功女士所共有的。

1. 把自己装扮得得体优雅，这是展示自信和对别人表示尊敬的一种方式。

2. 锻炼口才。很多优秀的女主管总能清楚地表达她们的想法和感受，激励下属，并且这一切都通过清晰而有魅力的嗓音得体地表现出来。如果你想做一个口吐莲花的女人，对所有人都有一种难以抗拒的吸引力，锻炼好自己的口才是一个不错的选择。

3. 待人诚信。一个人或许能一时蒙蔽一些人，但他不可能永远蒙蔽所有人。只有真正诚实的人才是最受人钦佩的。

4. 多结交给人灵感并充满爱心的朋友。友谊是每个人心灵上必不可少的寄托，但是如果你周围总是些无聊、吝啬、冷酷的人，那么你也有可能变成这样的人。

5. 保持自己对知识的渴求。一个女人的容颜会随着时间推移而衰老，但却因为腹有诗书气自华。著名节目主持人杨澜常说："是知识改变了我一生的命运。"女人要通过不停地学习来充实生活。所以，女人任何时候都不要忘记经常给自己充充电，不要错过任何一个学习与尝试新知识和新事物的机会。

6. 保持谦虚。最傲慢的人也是最无知的人。女人待人接物若是给人一种舒适、亲切、随和的谦逊可人之感，那么再配上楚楚的衣着，自然能很好地把女性的柔美动人之处展露出来。

7. 努力去尊重别人。如果我们懂得去尊重别人，尊重自己，那么生活中的许多纠葛、怨恨、消极和不快，都会被快乐的尊重吹得烟消云散。

> 戴尔·卡耐基在《如何赢得友谊并影响他人》中写道，有六种重要的技能是你必须学会的：真诚地对待别人，微笑，记住别人的名字，做一个好的听众并鼓励别人谈谈他们自己，谈论别人感兴趣的话题，让别人感到自己的重要性。一个女人只要有坚定的信念和不屈的行动，就能以成熟、优雅的姿态站立在巨人的殿堂。

做一个敢素面的女子

优雅女人的护肤圣经

Part 2

适合自己的就是最好的

化妆就是给脸上穿衣服。
——吉纳维夫·安托万·达里奥

今天的女性更加崇尚健康,对护肤品的要求也更加苛求。然而,很多女性在挑选化妆品的时候,最先考虑的是品牌,而不是根据自己皮肤的特点、自己生活和工作的环境去挑选,这真是非常大的错误。

挑选适合自己的护肤品

1. 洁肤与卸妆产品

早晚洗脸时需要选择不同的洁肤产品,如果白天使用了隔离霜、防晒霜、粉底之类的护肤品,晚上最好能用卸妆油或是有卸妆能力的洁面产品进行卸妆。注意眼部要使用单独的卸妆油。早晨可根据皮肤的出油情况选择洗面奶、洁面泡沫之类的产品。但是磨砂类洁面产品就不能天天使用,即使你属于油性肤质。

2. 化妆水

化妆水一直起着承上启下的作用,二次清洁肌肤,又提供肌肤水分。但不要指望毛孔会被爽肤水、紧肤水收紧,它们只是起到帮助舒缓刚刚清洁过的面部皮肤,给肌肤补充水分的作用。如果你的"肌肤年龄"比较大,可以选择有修复精华的产品。而干性和敏感性肌肤则要避免使用有酒精成分的化妆水。

3. 护肤

大多数中国女性都是混合性皮肤，不但干燥而且容易出油，T区更是油得要命，可是两颊却很干燥，护理起来相当麻烦，选择的护肤品和化妆品不能太油腻也不能太干燥，清爽型的也不是最佳选择。因此，护肤时要比其他种类的皮肤多花一些心思。

由于是混合性肌肤，就不要只用一种护肤品和化妆品来护理，否则很容易导致干油分化更加严重，所以，必须彻底清洁油腻部位以及对干燥肌肤的保湿，分区域保养护理肌肤，是护理混合性肌肤的重要一步。

4. 重点保养

眼霜是优雅女人一定要使用的一样保养品，任何时候都不要怠慢眼部的皮肤。为此，要根据自己眼袋、黑眼圈、细纹等不同的眼部状况选择不同功效的眼霜。另外，在眼霜产品方面，具有抗皱、美白、祛斑、抗敏感、去痘等效果的产品也都层出不穷，选择之前要注意它们是不是会和其他的护肤品相冲突。

5. 防晒

防晒的目的就是为了防止晒黑、晒伤？对，但绝对不止这么简单，做好防晒功课，就等于扼住了各种肌肤问题的源头，但关键是：你使用的防晒产品，是最适合你的吗？

对于不同年龄的肌肤而言，无论是皮肤状态还是护理方法都大相径庭，防晒也要如此。不满25岁的年轻肌肤容易因压力大或熬夜而长痘，可用清爽型防晒乳；25～30岁的轻熟肌肤开始出现早期老化症状，再加上外界压力加大，致使肌肤容易出现干燥、暗沉及细纹等症状，建议选用滋润型的防晒乳，可形成保护膜防止水分流失，让肌肤保持滋润感。对于35岁以上的熟龄肌肤，随着年龄的增长，肌肤状况开始走下坡路。建议选用兼具抗氧化及抗老功效的防晒品，而且四季都应使用防晒品。

挑选适合自己的彩妆

彩妆品的种类很多，除了颜色之外，彩妆的质地也很重要，但是不管什么彩妆，只要不能在你脸上很容易地涂匀，那就不要选它。

1. 如何挑选粉底的颜色

最好是让专柜小姐亲自帮你挑选——通过目测选择最接近皮肤颜色的三种粉底，然后把它们平行涂在面颊上；再离开镜子至少一米，看哪条颜色消失了，那就是和你皮肤颜色最接近的粉底。不过也可以选择深一度或半度的粉底，这样可以使亚洲人的肤色显得更健康。

2. 如何挑选眼影

从性格和肤色上看，中国人的肤色比较偏黄，淡粉、淡橘、粉紫色、杏色都是非常适合中国人的眼影，这些颜色不仅自然而且能让黄种人的肤色显得更健康、靓丽。再加上我们中国女性的个性都比较温柔含蓄，所以比较自然的颜色会更适合。

眼影颜色的使用还和年龄有关：年轻女性可以根据个人的衣着打扮使用任何颜色；熟龄女性要避免大量使用咖啡色、深蓝、墨绿等会让我们看起来憔悴的颜色。而让皮肤显得年轻健康的颜色，如橘色、淡粉红也不失为理想的选择。

3. 如何挑选唇线笔

不管潮流如何变化，都不要放弃使用唇线笔，它可以帮助我们完成精致的唇型。为此，可以选择与唇膏颜色接近的唇线笔，或是略微暗一点的。

化妆过程中，为什么要反复照放大的镜子和普通镜子

1. 在化妆台上放一面可以放大的镜子，这样就能够仔细检查面部状况，特别是眼周，而且还能帮助你化更细致一点的妆。

2. 至于普通镜子，一定要稍大一些，挂在墙上，这样可以看清整个脸部。

裸妆——最具亲和力的自然妆

> 素面朝天,是女人面子上最好的境界。可以让皮肤最彻底而通透地,和阳光、空气、蓝天白云一起呼吸。
>
> ——晓雪

略施粉黛对每个人都有帮助,它能帮你掩盖脸部的瑕疵,突出优点。如果你愿意花一点时间来学习化妆的技巧,至少要掌握简单实用的化妆常识,那么,你离优雅女人的距离就又近了一大步。

当然,化妆更反映着时代潮流。如果你有幸漫步于巴黎,全世界的浪漫之都,你会发现那里的女人看起来既光彩照人又自然大方。她们到底有没有化妆?这很难看出来,但她们的面庞却自然地焕发光彩,双眼深邃有神,嘴唇光彩润泽。

营造神秘感是自然妆容的核心所在。化了自然妆的女性总是看上去神采奕奕,却又给人丝毫不矫揉造作的感觉。也许很多女性朋友都非常喜欢自然妆,也希望自己能有自然的妆容。但是对于怎样化一个得体的自然妆,你完全不知所措。

那么,有没有一种办法可以既增添你的魅力,让你更有自信,更有光彩,同时又操作起来快速简单、毫不费力呢?以下就是我们为大家介绍的普遍受欢迎的三类自然妆容,它会让你每天都能看到气色更好的自己。

自然裸妆

这类妆容非常高明且微妙。裸妆的妆容虽然看起来很清淡，却并不是未加修饰的纯自然肌肤。使用的产品包括可以让肤色变得均匀的轻柔底妆产品（粉底和润色乳液有同样的效果）、腮红、睫毛膏以及中性色口红，这样就足够让妆容美丽出彩并且自然了。

自然裸妆完全适用于求职面试等场合，也适用于日常外出办事时。最关键的是，这种妆容花不了多少时间，适用于你想要让自己更有精神的任何时候。

强化眼妆

这类妆容强化了眼部妆容和唇部妆容。它的上妆程序和自然裸妆的一样，不过却要用到眼线笔。这类妆容很明艳，也很有韵味，好像在暗示化这个妆的女士比一般人更具风格。她只是起床，扎起头发，轻松地化个眼线，就开始了新的一天！虽说强化眼妆总要比化自然妆多花一点时间，而你只需要掌握其中的精髓就好。

强化眼部的妆容适用于看电影、听流行音乐会或是参加其他艺术类活动，也适用于你想要展现一点儿神秘感的时候，不过，不管什么时候，强化眼妆总是能够增加你作为女性的神秘气质。

强化唇妆

这类妆容强化了唇妆，弱化了眼妆。会用到粉底、腮红、颜色醒目的口红以及眼妆产品（没有眼影，只有睫毛膏，眼线笔是可选项）等产品。这类妆容更浪漫，也更容易把别人的注意力吸引到唇部。如果你属于那种热情、古灵精怪或充满冒险精神的女性，那么它无疑最适合你。它同样也在暗示：你是很有女人味儿的，没忘记用口红！

强化唇妆适用于初次约会，也适用于你想要给自己的脸上加点色彩和活力的时候。在缺少活力的冬天，用紫红色一类有活力的颜色来提亮唇部，是非常能有助于鼓舞士气的。

肌肤完美术，让你时刻容光焕发

> 永远打扮好了再出门。你永远不知道命运在下一个转角口为你预备了什么。
>
> ——可可·香奈儿

对于优雅女人来说，皮肤保养最为重要。毕竟，只有皮肤细腻光滑，你才会对自己的身体感到满意。好的皮肤是身份的象征。当优雅女人说"连身体毛孔都舒畅"时，不仅是在说好的皮肤状态和外在，同样也指自信平和的内在。那么，优雅女人光彩照人的秘密是什么呢？

日常肌肤护理方式

基础护肤步骤虽然简单，但对于肌肤护理来说却是十分重要的。日常肌肤护理，讲究的就是细节，基础护肤步骤的把握也十分重要。

起床后：

1. 清洁依然是最重要的基础。

   用蘸有柔和洁面液的棉花片洗脸，然后再用水冲洗干净。

2. 检查皮肤的状况。

   涂上有润白或修护作用的爽肤水。

3. 在眼睛周围使用修护眼霜，以舒缓眼部肌肤和防止眼部皱纹。

4. 接着基本化妆步骤。

睡觉前：

1. 同样用蘸有柔和洁面液的棉花片仔细洗脸，擦去眼部的妆容，再换棉花片的另外一面清洗脸部。冲洗干净后，扑上爽肤水。

2. 在放大镜下，仔细检查皮肤状况。如果发现暗疮，点上一些抗生素软膏抑制它。

3. 使用眼霜。

4. 根据皮肤情况使用晚霜。

5. 手脚和全身都使用润肤乳。

每周：

1. 日常护理基础上加上面膜。依据皮肤状况，面膜可以选择保湿、润白或者是深层清洁的。

2. 每周用浴盐去除身上的死皮细胞。可以使用专用手套或浴擦。一次即可。

神奇的按摩

在精进护肤的道路上，我们总是过多关注产品的更新和升级，可事实上能让护肤品真正见效的，是来自你双手的按摩。不仅仅是因为好的按摩能驱走压力，还因为它能强有力地排除身体毒素。

而且不同的产品、不同的问题搭配不同的按摩手法，还可以帮你打造完美的水嫩肌。

照顾好手、肘、膝盖和脚

手脚、肘和膝盖，都是优雅女人细节的部分，要让它们美丽柔滑，除了清洁、保湿和去除死皮之外，还有几个好办法：

1. 在家里的洗手池边放置一瓶润肤露。洗手后立刻用它，来防止脱皮和干裂。

2. 每晚睡觉前，在手脚、肘和膝盖都涂上润肤霜。

3. 洗澡时，用宽锉子或火山石来去除脚上的死皮。

4. 坚持做足部按摩。

5. 当脚后跟变粗糙或是脚踝干裂时，先用天然优质火山石轻轻磨掉表皮，然后涂上大量的润肤霜，几分钟后穿上袜子睡觉。

6. 不要光着脚走路。

7. 当觉得皮肤需要格外护理时，可在手上用面膜。

想要更美丽,补水无比重要

> 我希望打造不露痕迹、真实自然的完美肌肤。
>
> ——丹妮·桑斯

你的皮肤够滋润吗?女人的皮肤好不好跟她的皮肤是不是有弹性和光泽度有直接的关系,如果说皮肤表层的含水量低于10%,皮肤就会显得比较干燥,也会觉得有紧绷感,甚至还会有一些脱皮脱屑的状况,这说明你的皮肤已经严重地缺水,而缺水就一定要让皮肤保湿和补水。

给皮肤补水是一个长远的过程,每天定时适当地给皮肤补水,能够增加皮肤的保湿度,使肌肤看起来水嫩嫩的。下面来看看我们每天的保湿计划吧。

晨起给肌肤一杯水

睡了整整一夜,肌肤和身体也整整一夜没有摄入水分。皮肤会觉得干干的,嘴巴也会感觉渴。这个时候喝上一杯水是最简单有效的补水方法,不仅能让你的身体机能重新运作,促进新陈代谢,而且能有效补充水分。尤其是那些早上不吃早饭便上班的白领女性,喝一杯水就显得尤为重要。

洗脸+保湿+锁水

早晨洗脸的时候,选择一款温和、清洁的洗面奶,对于肌肤清洁保湿也是至关重要的,在柔和调理肌肤水油平衡的同时,还能令肌肤远离干燥、粗糙。而且洗脸时的水温也很关键，最佳的温度是比体温稍低的温度，太烫容易带走肌肤的水分，让脸上的皮肤变得紧绷。然后立刻涂上保湿水和保湿乳液，把水分都锁在里面。

勤快地做保湿面膜

护肤程序除了洁面乳、保湿水、保湿乳这样的基础三部曲之外，经常做做保湿面膜，或者以睡眠面膜替代晚霜来使用，从外向内为肌肤补充水分，可以令肌肤远离干燥、粗糙、皱纹，恢复肌肤水润亮白的新生状态。除了特别注明的面膜，建议面膜在脸上停留时间不要超过15分钟。否则水分会同时在空气里蒸发，脸部会更干。

> **随身携带保湿喷雾**
>
> 随身除了护手霜、润唇膏之外，别忘了带上一瓶保湿喷雾，在你觉得肌肤干燥的时候，就可以拿出来喷一下。用完喷雾，切记要用面巾纸吸干停留在脸上的水分，不然脸会更干。

暂停所有粉质产品

如果你觉得自己的脸已经干得要出裂纹了，那最先要做的一件事就是暂停使用所有粉质产品。比如粉底、散粉及粉饼。如果因为工作需要一定要涂的话，那就先涂底霜，让粉底和皮肤隔离开；或者直接在粉底里加保湿霜，在手心里揉匀了再涂在脸上。

搭配好食物更滋润

除了大量饮水外，你还需要食用大量水果和蔬菜。这些食物能为身体提供抗氧化剂，对皮肤大有好处，而且还含有很多水分，对保持皮肤水分至关重要。季节更替时，也别忘了煲各种各样滋补的汤羹。汤羹里面通常含有丰富的胶原蛋白，可以维持我们肌肤的弹性，让皮肤看上去更饱满，而且水水嫩嫩的。

美白真的能让你变白吗

> 每一张脸，都是一块充满生命力的画布。只有拥有完美的肤质，才能让艺术家在这张称之为脸的画布上创作出美丽的作品。
>
> ——植村秀

一到夏天，女性朋友最关心的一个问题莫过于美白和祛斑，而问题如出一辙："我用了××产品，为什么没有变白啊？为什么没有广告上说的效果啊？"

亲爱的，也许你没有想到，其实全世界的美容产品广告都有"言过其实"的嫌疑，虽然初衷是好的，都是为了让女人更爱自己以及更美丽，但是，很明显误导了很多人，尤其是美白产品的广告。事实上，那不全是广告的错，我们的期望本身就是错的！

要知道，美白产品从来就不会让肌肤真的变白，不管那些广告说的如何天花乱坠。那么，我们还要不要美白产品？我们用了又可以达到什么效果呢？当然要用，尤其是盛夏即将来临的时候，美白产品更是必不可少的单品。

如果你不是有心想让自己的肤色变深变暗，从现在起，你的梳妆台上就该添置一款美白产品了。

美白产品的功效及使用备忘

1. 让你的肤色看起来更均匀。均匀是我们不常提的一个词，却是与我们的脸色密切相关的一个词,肌肤颜色或白点儿,或黑点儿,其实并不重要,重要的是"均匀",这样你的肌肤看起来才可能是有光泽的、透明的、神采奕奕的。

而美白产品确实有这样的功效,可以让你的整张脸看起来更"干净",当然这种"干净"也可能会带来更"白"的错觉。换言之,有的女性朋友不涂粉底就不敢出门,说白了就是担心自己的面色不够"均匀",而不是不够"白"。

2. 如果你的脸上已经出现斑点,任何一瓶化妆品都不能完全地把它祛除掉(除非你去美容院,用物理手段才可祛除),但是,恰到好处地使用美白祛斑产品,的确可以有效地让它不再变深,甚至变浅。

如你所知,我们脸上的任何一处小斑,都格外"钟情"于紫外线,稍一晒,颜色就会加深,所以,对色斑来说,细心地防晒,合理地美白,才会事半功倍。

3. 在护肤领域中,美白称得上是高科技结晶,所以,面对那些有很多听不懂名词的说明书,还是请你耐心去看一看,或者多给柜台小姐几分钟,听她把话讲完,搞明白哪些理论对自己是有用的。因为每个人肤色不匀的原因并不一样,可能是晒的、累的、压力大,也可能是刚生过宝宝,等等,为此,你需要找到最对症的属于你的那一款美白产品。

4. 秋冬季节,是肌肤最佳修复期,从这个时候建议多使用美白面膜或美白精华,从根本上阻断黑色素细胞的功能,从源头抑制黑色素生成信号。

最后,请别忘了,"白"并不是我们肌肤的终极目标,而均匀的肤色,才是我们永远应该追求的好肌肤境界。

你所不知道的美白秘密

水分与肌肤的透白有着密不可分的联系,对于美白,保持肌肤的水润显得尤为关键。水润是美白的基础,不但能使肌肤达到充盈的效果,让肌肤看上去更通透,还能"打开肌肤水通道",促使美白成分即刻渗入,放大后续有效成分的吸收,从而达到肌肤的水润白皙。

樱唇一启,梅香摇曳

美,对我而言,要么是素面朝天,让肌肤保持舒服的状态;要么就是抹上一袭冶艳的红唇。

——格温妮丝·帕特洛

有人说,嘴是女人脸上最性感的部位。这个说法绝对能得到优雅女人的赞同。嘴唇与眼睛一样,是增添脸部神韵的灵魂之处,艳艳红唇更是性感的象征。女人一颦一笑间,总能流露出独特的个人气质,而女性的独特魅力也在唇角间轻轻泻曳而出。

至于女人的情致究竟有多少是靠嘴唇来表达?或许这个问题的答案会在每个试图回答的人心里掀起无数浪漫情怀吧。在好莱坞,几乎没有什么能比一抹性感红唇更能传达女明星的气质了。每一位女演员、模特或者时尚偶像都声称自己拥有不止一支口红。

所以,可想而知,爱美的女人会多么注重借用"唇语"来展现自己;在这一点上,优雅女人绝对不会输给世上任何爱美之人。借用一位气质佳人的话来说那就是:"我们想过无数的方法来美唇,口红、唇膏、唇蜜——直以来各种涂抹方式也在变化、革新,但是无论如何,也不管流行的风潮怎么变化,对女人来说,唯一的目的就是让自己的嘴唇变得更性感、更生动、更美丽。"

哪些状况警示你的唇部已开始老化

可是，对于很多女性来说，也许你每天会花大把的时间不惜血本地往脸上涂各种保养品，让自己在时间面前昂首挺胸，却常常忽略了点睛之笔——唇的保养。要知道，它可是捍卫年龄的秘密武器。当你的唇部出现下面三大状况则警示它已在老化了。

1. 刚买来的唇膏，本想对闺密大肆炫耀，却发现唇膏上那难看的细纹痕迹。如果你频频点头，那就糟了，这种危机就是唇部脱水干燥、可怕的唇纹涂什么都不好看。

2. 不知为什么以前精心挑选的唇膏颜色，现在涂起来总觉得和双唇不贴合，怎么看都不对劲。好多女人只顾面子问题，却总是忽略唇妆的卸除及紫外线对双唇的伤害，这样下去的话，娇唇失色在所难免，黯沉风险也会陡然加大。

3. 不经意间，你会发现饱满的唇峰不见了，丰唇变薄，嘴角下垂，感觉像老了十岁。随着岁月的流逝和地心引力的影响，以前娇嫩的唇部很容易逐渐变薄，上扬的嘴角也使劲往下拽着出来气你。

如何让美唇无死角

对于美唇来说，方寸之间，细微之处就决定着女人的优雅指数，尤其是在约会这样的美好时刻，更要寸土必争，消灭死角。其实，如果你能改掉下面这些恶习，自然会拥有动人滋润的双唇。

1. 戒除舔唇习惯

当唇上的水分被蒸发时，唇内的水分也同样蒸发，而且会感觉更干。所以，要想做优雅女人，一定要戒除舔唇的习惯，口水停留在嘴唇，最佳方法还是以润唇膏来滋润嘴唇。

2. 嘴唇蜕皮勿用手撕掉

当你发现嘴唇蜕皮时，千万不要用手撕掉，以免引致流血。如果蜕皮情况并不严重，可用性质温和的润肤霜涂在唇上，然后轻轻按摩让它蜕去。

3. 即使唇上的唇膏已退光,也要卸妆

虽然你唇上的唇膏已退掉,但也别忽略卸妆这一步,就像面部卸妆一样。

4. 出门前涂防晒润唇膏

初春的阳光让人心旷神怡,这时的阳光虽然没有夏天般强烈,但紫外线也会造成伤害。所以你在出门前必须要为唇部涂上防晒及滋润性较高的润唇膏。

毫无拘束的发型最靓丽

> 你的头发美丽而哀愁,就像你的灵魂。
>
> ——安妮宝贝

头发对于女人而言,实在是太重要了,它甚至可以说是脸的"镜框",对整个外表起着很大的作用。如果你善于在头发上花点小心思,就能显著改变整个形象。时尚领袖靳羽西保持她那经典的"童花头"发型已有18年了,多年来在电视节目中,都是那个非常整齐的童花头,这一发型甚至还被用于化妆品公司的商标。

从发型中获得优雅的力量

如果你仔细留意一下优雅女人的发型就会发现,她们似乎并不太在乎发型。起码绝对没有像在乎穿着那样在乎。为什么这么说?因为通常来说,大多数优雅女人所选择的发型都是最简单的:或是长发披肩,或是或松或紧地扎个马尾。

大体来说,优雅的姑娘们大都会选择留长发(及肩或肩下15厘米左右),那一头柔顺而富有光泽的秀发的确非常动人。不仅如此,她们的头发往往都自然略有卷曲,这也让她们显得更富有动感,而那随意搭在肩上的一缕头发,更是常常让男人们迷恋不已。

有时候,优雅女人也喜欢把头发束起来扎成一个马尾辫,那样会显得更简洁，也更有活力，如果采用了歪斜的束发法，更让人倍增几分慵懒的风情。在一些职业场合，优雅女人也常常把头发盘起来，在脑后梳成一个发髻，温婉又优雅的OL发型绝对能帮你的职场形象大大加分。

优雅女人是如何打理头发的

可以说，自然且舒适，看起来很简单，是优雅女人对发型的基本要求，但我们又不得不承认，她们的头发总是给人赏心悦目的感觉，虽然好像并没有精心地打理过，却又和谐得让人感到相当舒服。想必很多女性对此都非常好奇，谜底又是什么呢？

优雅女子的发型一般是非常简单的披肩长发，发线偏分，略有一些刘海，或许很多人以为这样的发型只需要将发线分清楚，并且把头发梳得顺直就够了。但这位优雅女子却梳了很久，仔细地按照固定位置的发线将头发分得清清楚楚。也许你认为这样的行为太过于吹毛求疵，甚至会笑着想，这不是按照黄金分割点来确定发线位置的吗？

> 短发也是很多优雅女人钟爱的类型之一，总体的理由除了追求更多的造型美之外，倒是更钟情于那份简洁与利落，让人显得干净清爽的同时，也非常容易搭配各种衣服和饰品。

玩笑归玩笑，但按照黄金分割点来确定发线位置，的确可以让发型更容易被人接受，不过女人的魅力向来多变，具体的分割位置也往往会随着每个人对自己的定位而有各种各样的变化。有时候，即便只是一厘米，往左一点还是往右一点，实际上看在别人眼里，你的形象就可以完全不同。换句话说，你想稳重一点还是活泼一点？保守一点还是新锐一点？让脸长一点还是圆一点？为了这些个不同，精确地确定发线是很有必要的。

由此可见，优雅女人是很在乎发型的。尽管有些发型在外人看来是那么的自然，仿佛自己并没有刻意地去为头发塑形，但那并不代表她们真的会忽视这么一个重要的部分。事实上，她们精心地在乎每一个细节，以便让发型能够衬托出自己最美好的一面。

保持美丽的秘诀，在于好好爱自己

> 一个相当标致的女人可以无须装饰品的帮助，运用艺术的手法，把化妆下降到次要的地位，而突出自己朴素的美。
> ——巴尔扎克

每个女人心里都会有一个白天鹅的梦：卸下粉黛，小脸依然像瓷娃娃一样精致，目若秋水，肤若凝脂，小腹平平，臀部翘翘，双腿白皙修长……

然而，当我们和自己的梦想一比，反而觉得自己身上哪儿都不对味，皮肤不好、身材走样……沮丧透顶的你恨不得想立刻花一大笔钱把那些昂贵的化妆品统统揽入囊中，并去做一次彻底的高科技美容。

可是，难道只有穿名牌服装、抹名牌化妆品、挎LV的包包、携香风款款而来才是我们追求的终极目标？难道我们这一生真的要按时尚杂志上的标准去改变自己吗？如果乖乖地这样做了，就真的有用吗？

养颜并非一蹴而就

作为女人，想必很多人一直在想，我们究竟靠什么才能真正修复我们的自信？是啊，谁不想成为一个人见人爱的天然美人，每天都比昨日更有女人味，日子一天比一天更精彩。但是，这需要我们好好地去学。

其实，那些纯天然的美容保养法，就真的非常简单又实用，不需要打针，不需要脉冲光，也不需要电波拉皮，甚至不需要花一分钱，关键是没有一丝一毫的副作用。

看到这里，想必很多人要疑惑了，这怎么可能？

怎么不可能！

那些天然的肌肤滋养护理法，可以让你的小痘痘彻底绝迹，皱纹顿时消失，粗糙的肤质变得娇嫩、水灵。

那些美容的家常食物，可以让你花最少的钱在最短的时间内补足气血。气血一足，人自然年轻很多，不用任何化妆品，怎么看怎么美。

那些贴身的排毒养颜方案，可以让你全身的经络都通畅起来，从内到外，青山绿水，纤尘不染。

如果你敢于把自己当作最好的试验品，坚持下去，你一定会发现自己才是最好的美容大师，并逐渐享受到日渐变美的欢喜！要知道，身体越健康，外表就越漂亮，反过来也是这个道理。

世界上任何事情都需要经营

所谓天长地久的爱情就是你在正确的时间遇到了正确的他。爱情不需要你牺牲，只需要你付出全心；更不需要你刻意，只要你尽力而为。爱情如此、养颜如此，人世间的一切不都是这样吗？上帝都不完美，他又拿什么供你十全十美呢？

一个女人保养和不保养的差别实在太大了，有时候，甚至一眼就能看得出来，而且不管是什么年龄，身体素质怎样，受过多少心理或者身体上的创伤，或者天生体质虚弱，又各自有着怎样的身体疾病，只要你下足了功夫，并且方法得当，立刻就能收到回报。因为世界上任何事都需要你的经营。

聪明的女人，恰恰就是懂得爱护自己的女人，不仅能让自己的生活有品质，有情调，还懂得投资，投资青春，投资美丽。可以说，投资美丽是一项永不亏本的生意。

Part 3

你就是自己的穿衣教主

优雅女人的穿衣哲学

装扮自己之前，先了解自己

一个没有找到自己风格的女人，感受不到衣服带给她的轻松自在，不能与它们融为一体。

——圣罗兰

那天上午，我慵懒地躺在沙滩的太阳伞下，翻看着一本小说。偶然听到这样一段对话，主角是两位女士，她们好像正在气头上，谈话气氛并不友好，不过她们的对话比小说内容更加有趣。

稍年长的那位女士应该是母亲，她在训斥她女儿关于着装的问题，她觉得既然女儿已经大学毕业了，就应该懂得这些。

"你怎么可以一天到晚穿着拖鞋和牛仔裤到处乱逛！"听得出来，这位母亲几乎是吼出来的，"你应该知道，每个场合的着装都应该是经过精心考虑的！"

"但我并不觉得我穿得很难看啊！"女儿随口嘀咕道。

"我问你穿什么去面试的时候，你告诉我你就穿了牛仔裤，你还好意思告诉我外面没有适合你的工作！"

……

故事还在继续，但矛盾显而易见。生活中，很多女性就像故事中的这位母亲那样，她们总是把自己的外表和气质培养看成是头等大事，时刻要求自己在所有的场合都能表现得像在照片里面一样完美。当周围人犯下诸如上面一类过错时，她们恨不得把对方禁闭起来。

而这样的对话我们在世界各地的母女之间也总能听得到，沮丧的母亲们恨不得一把火烧掉所有破烂的T恤、带洞的牛仔裤、肮脏的运动鞋和旧拖鞋。而绝望的女儿们觉得，如果她们的母亲突袭自己的闺房，没收她们的紧身牛仔裤和迷你裙，用这样的方式做错误的最后挣扎，视图挽回她们反叛的青春的话，那么做女儿的简直要尴尬地死掉。

> 随着我们年龄的增长，我们会变得更有智慧，更成熟，而我们的着装风格将会体现这一切。

再让我们回忆一下自己与闺密之间的那些蠢事。每次在我们为某事见面之前，总会相互通话数十次，聊上几个小时，而每通电话又总会重复一个相同的问题："我应该穿什么啊？"想必很多人都打过这样的电话，也有过同样的对白，纠结过同样的问题——要穿什么去第一次约会，去参加婚礼，去看摇滚演唱会，去进行业务洽谈，甚至是去吃早餐或午餐呢？

我们有理由坚信，有近九成的女性在她们为出席某种场合梳妆打扮的时候都出现过或多或少的困扰——而这些困扰无不是由惧怕引起：怕破坏了所谓的"时尚规则"，怕打破早就遗忘了的传统，或者只是单纯地害怕打扮得不好看。实际上，所有的困扰折磨都来源于对可能失败的害怕。其实，所有风格各有趣味。为某种场合穿衣打扮不应带上焦虑情绪。

俗话说："凡事要看天时地利。"这句话放到讨论风格的时候就再正确不过了。每个瞬间都需要不同的风格要素和感官冲击，掌握这种平衡其实就是一种艺术——一种能后天习得的艺术。如同你说话时并不需要很流利，但必须保证能被别人听得懂一样。

想必有不少女性给自己定过这样一个规则：年龄超过29岁，就不可以穿着长度在膝盖之上两英寸（约五厘米）的裙子。荒谬！如果你有这样的裙子，尽管穿，不用在意你的年龄。当然，在你穿之前，了解你所处的场合是很有必要的。

请不要忘记：真正的风格并不在于你拥有多少花哨的服装和奢华的饰物，而在于你是否了解自己，是否能够将自我特色融入个人独有的风格语言当中，然后再在各种场合中展示自我的风采。

风格是怎样炼成的

1. 你需要给自己的风格加上一个标签，这样可以避免自己再买那些和风格并不搭调的衣服。想必很多人多少都买过和其他衣物都不相称的失败之作。这种时候你还需要买其他的衣服来搭配，你会为此越来越混乱。

当然，在你为自己的风格贴标签的时候，请多些创造力吧，不要死盯着我们早就司空见惯的风格不放。请记住：你的标签可以独一无二。而且当你给自己贴上标签后，你可能会发现标签并不能展现现在的你，比如，大学时你的着装风格是学院风，而现在的你距离那时已十年之久，所以现在正是尝试不同风格的绝佳机会。

2. 一旦确定了自己的风格，你就要找出那些适合你的牌子。比如，如果你给自己贴上"淑女风范"的标签，你就需要求助于这些牌子：公主娜娜、凯瑟琳·玛兰蒂诺、珍妮·帕克汉等；如果你给自己贴上"低调奢华风"的标签，你就需要走进这些品牌：A.P.C.、费拉加莫、瑞贝拉·泰勒、J Brand、戴安·冯芙丝汀宝等。

自我装饰是你的权利

作为一个女人总是要自我修饰的。在一个女人的一生中，还有什么比穿衣打扮能花去她更多精力呢？追随时尚就是找乐。这样你将会永葆年轻。

——楠·肯普纳

大多数现代女性的衣柜里有三种衣服，休闲装、职业装和特殊场合的着装，同时还该有相应装饰品以供搭配。佩饰的魅力就在于可以使人装饰一新并且有种职业女性风范。下面就跟佩饰来一场亲密接触吧，它们甚至可以彻底改变一件毫无光彩的外套。

手提包

你的衣橱中最让你眼前为之一亮的是哪一部分呢？许多人会认为鞋最重要。实际上，手提包是最重要的——总是随身携带，一天会打开它很多次，人人都会注意到它。尽管设计精美、质量上乘的名牌手提包很重要，但是更重要的是实用性。

鞋子

许多女人都是很喜欢鞋子的。鞋，其实跟项链、手镯一样，也是佩饰的一种，而且，每一个人穿高跟鞋都会很出彩的。还犹豫什么，那就最大限度地利用好它们吧。

框架眼镜和太阳镜

如果要戴眼镜,那眼镜就是面部重要的装饰品,因为它就在你面部最显著的部位。跟上潮流的最快方法就是选择一副款式和颜色都非常时尚的眼镜,就算不是很昂贵,也一定要适合自己的脸形。

世界级时装设计师边克·柯尔曾经说过,让你看起来光鲜照人的最便捷的方法是戴一副遮得住半张脸的超大型墨镜。好莱坞最红姐妹花奥尔森姐妹在大学的时候,她们就有一大堆超大型墨镜,以便随时应付眼部突发的各种情况,可以说,这个方法屡试不爽。

选择好眼镜以后,记得配上相同颜色的唇膏——用橘色、红色、咖啡色唇膏或穿这些颜色的衣服的时候,就选择金色系眼镜;而当用粉红、蓝色、紫色的唇膏或穿这些颜色的衣服时,就戴银色系眼镜。

隐形眼镜

虽然框架眼镜可以戴出女人特别的职业感或艺术气息,但更多女人还是愿意选择戴隐形眼镜,尤其是运动的时候。需要注意的是,现在时髦的彩色隐形眼镜,眼镜有颜色的部分影响透气性,有颜色的部分越是大,透气性就越差。这样的隐形眼镜不能天天戴,每次佩戴的时间也不能太长,而且要特别注意清洁。

帽子

当你去英国时,你会发现很多女性都戴帽子,这是皇室的传统。已故戴安娜王妃生前就戴过很多帽子。世界上最负盛名的集会是由热衷赛马的英国皇室家族所主持的英国阿斯科特赛马大会(Royal Ascot)。在那里你能见到世界上最漂亮的帽子,每位女士都戴着帽子,一顶比一顶独特,一顶比一顶夺目。

帽子与整体的配合

选择帽子时,不仅要考虑到帽子与整套服装的搭配效果,还要考虑你的脸形和体形,它们必须保持和谐统一。

戴帽子时要特别仔细地化妆,因为帽子会将人们的视线吸引到脸上。

至于帽子的类型，一种是正式的，看上去比较大，很有戏剧性，它们至今仍存在的唯一原因就是用来与整套服装搭配；另一种是非正式的，当你穿上休闲服打高尔夫、打网球，或者外出旅游的时候就可以戴上它。

丝巾与披肩

丝巾的用途广泛、样式繁多、色彩鲜艳、价格实惠……它确实能有效地为服装增添光彩。作为配饰，披肩不仅漂亮，而且还很实用。在春秋季，披肩是绝佳的外套替代品；在寒冷的冬季，只有你需要的时候，披在大衣上的披肩又会为你带来一分温暖；即使处于炎夏，夜晚外出时带上一条披肩，也能抵御空调房间和室外的温差。所以，优雅的女人们最应该学会使用这样的配件。

手套

俄罗斯超模娜塔莉亚·沃迪安诺娃曾经说过，她认为手套是女人衣橱里最性感的东西。而这其中，红色和黑色的手套又是最容易搭配的。当然，购买手套时也一定要考虑到你用这副手套的特定场合：

1. 出席宴会：适合用五个指头的略长的手套。
2. 出席正式晚宴：适合用长及肘部的手套，以用来搭配晚装。
3. 出席活动：白色棉质短手套配无袖长裙（就像电影《漂亮女人》中的朱丽亚·罗伯茨那样）。
4. 其他手套就是戴起来好玩而已。

一个真正的优雅女人懂得如何利用饰品装扮自己。一件好的饰品可以让你从白天把玩到晚上，远远不是一句"小玩意儿"就可以一笔带过的。佩饰是花最少的钱让你的衣橱光鲜亮丽起来的最好方法之一。

从鞋开始的优雅姿态

一双好的鞋子是漂亮时装的一部分。设计高品位的鞋子，需要在舒适、品质和款式之间找到平衡点。

——马诺洛·布兰尼克

人类为了探索完美消耗了无数的物质资源，而女人把最持久的注意力集中到自己脚上所穿的东西上。每一个女孩都需要一双精美别致、做工精良的高跟鞋和一双舒适的经典款式的平底鞋。

鞋子——优雅的魔力棒

在众多款式中，女人对高跟鞋的痴迷不亚于她对爱情的执着。柏杨先生有一篇文章叫《俏伶伶抖着》，其中有这样一段话："一个女人，如果有一双使玉腿俏伶伶抖着的高跟鞋，又有一头乌黑光亮、日新月异的头发，虽不叫男人发疯，不可得也。"可见，高跟鞋能够给女人们带来更多性感、端庄、魅力以及她们想要的一切气质。

《欲望都市》中的Carrie（凯莉）可以说是高跟鞋的狂热购买者，在贷款买房，拿不出钱的时候，却可以拿出100双Manolo（按当时算来，最便宜的Manolo也要300美金一双）。也许她的这种程度稍稍有点过，但是在电视剧里她却总是穿着10cm的细高跟鞋和女友shopping，实在令人佩服。

的确，一双合脚又漂亮的高跟鞋是女人们求之不得的好东西——它可以让你的心情变得大好，让你的仪态更美，甚至可以改变你的态度；它可以把一件普普通通的衣服衬托出来，使它立刻别致出彩；而且，穿着高跟鞋，会让你的双腿显得修长秀美。世界上还有多少样东西可以同时发挥这么多功效呢？恐怕这就是为什么那么多时尚达人都极力推崇鞋子的原因所在。

固然高跟鞋的舒适度不能与平底鞋相提并论，但其实并不尽然。如果正确地选择到适合自己足型的高跟鞋，并使用正确的穿法，就能够将不舒适度降到最低。这里有必要写明几条基本规则：

花钱买一双好鞋

如你所知，制作一双高质量的完美的鞋非常难，而且价格相当昂贵。可是，要让一双廉价的鞋看上去造价高昂却也不可能。所以，花钱买鞋的时候就要理智、理智、再理智，因为鞋子实在是太重要了。

高跟鞋的高度

现在，拿出尺子，一起把我们的高跟鞋量一量：

> 据说，高跟鞋给女人的美，非常符合我们常说的黄金比例，也就是0.68：1。穿了高跟鞋，下半身与全身比例很容易达到"0.68：1"这个比例。从某种角度上说，女人成熟的美，"风姿绰约"、"杨柳扶腰"的妩媚，80%要归功于一双合适的高跟鞋。

2cm~4cm，虽然是最舒服的高度，但高不高，低不低，脚该受的罪也受了，女人味道也没穿出来。

5cm跟，已经足够把你的小腿拉长，是很容易适应的一个高度。如果你刚开始尝试穿高跟鞋，5cm是一个很容易让你接受的高度，如果你的工作不是随时要走来走去，5cm是很容易穿进办公室的。

7cm跟，party上穿可以完美地搭配小礼服，将你的身高有效地视觉拉长；如果在办公室里穿，建议选择圆头款，若是尖头款撑一天，很需要些脚力。

10cm跟，是当下各大品牌最流行的一个高度，如果有机会到香港Manolo Blahnik的专卖店看看，满眼都是10cm高度的让女人在店里流连忘返的款式。

即便是配上一条再普通的黑裙子，你也可以成为party女王！不过，必须诚实地说，10cm和舒服两个字没有关系，和性感倒是有很大瓜葛。

11cm~12cm，这是Sergio Rossi、Manolo、Roger Vivier以及Jimmy Choo等极致高跟鞋品牌经常尝试的一个高度。只是一般人实在无法承受这种生命之"高"——只有那种不需要走来走去的派对，才可以勉强应付。

12cm~14cm，这是红底鞋Christian Louboutin偏爱的高度，不少女明星都是踩着这个品牌被有力地拔了高，走向红地毯的，尝试过的人应该清楚，美是美，只是相当惊险。

穿小黑裙永远不会错

小小一片黑色足以包容整个世界。

——可可·香奈儿

据说在这个世界上男人和女人各有一件衣服是不可或缺的。对男人来说,自然是黑夹克,对女人来说,那就是小黑裙。准确地说,这里的"黑裙"可不是指黑色半裙,而是特指黑色的带小摆的连衣裙。

没有小黑裙的女人就没有未来

其实,小黑裙不仅只是一条身上的优雅裙装,从它诞生伊始,也象征着一种自信自爱的生活态度,甚至成为了一种文化。小黑裙,英文全称是Little black dress,缩写为LBD,诞生于1926年,创始人正是法国时尚界的开创者可可·香奈儿(Coco Chanel)女士。

那时候"一战"刚刚结束,女权运动也随着时代的发展而进入到一个新的阶段,越来越多的欧洲女性开始对传统的大摆裙表现出强烈的不满——那实在太妨碍她们的行动自由了!她们迫切希望有一种式样简洁而又不失高贵大气的裙子。香奈儿女士——作为典型的对于着装极为敏锐的法国女人的代表——抓住了这个机会,于是,小黑裙应运而生。

小黑裙美就美在它的风格,它就像一块最基本的空白画布,既神秘又雅致,既含蓄内敛又妩媚撩人。它的简洁让你的时尚俏丽显得十分自然，没有一点做作。它的成熟又衬托出你的优雅和深沉。可以说，一件小黑裙能让你瞬间变得光彩照人，低调而华丽的黑色是所有人不用费力就能讨好的颜色，无论是金色短发还是亚麻色长发，都足以和小黑裙相得益彰。另外，不要忘了，黑色连衣裙还有修身的效果——它还能使一个人的身材显得更加苗条呢。

当然，最最经典的搭配莫过于一副够范儿的墨镜，神秘、帅气、高雅。1961年，一代偶像奥黛丽·赫本在影片《蒂凡尼早餐》中穿着出自好友设计师Hubert de Givenchy之手的小黑裙在蒂凡尼店铺前吃早餐的画面，永远印刻在了时装人的脑海中，成为经典中的经典。从此以后，小黑裙更是风靡于世。

也许很难有一款衣服，如同小黑裙一样，在问世后的八十余年里从来不曾有一天过时。小黑裙之所以令人们对它如此爱不释手，就因为它既是一件经典单品，又可以与时俱进地变化出多种样式，抹胸式的、单肩的、长袖的、铅笔形的，等等。同时，还加入了任何你能想得到的时尚元素，蕾丝、铆钉、流苏、水晶……而且丝毫不显累赘。

的确，小黑裙永远不会让你担心，因为穿小黑裙永远不会错。小黑裙的亦庄亦雅，让穿上它的人可以成为任何场合的时尚女王。巴黎街头，很容易看见穿着小黑裙的女子牵着小狗优雅高傲地走过；好莱坞的红地毯上，也从来不乏小黑裙的身影。小黑裙就是这么的神奇，身材苗条的人穿上它显得更加婀娜，而身材略显臃肿的也因其低调的造型和黑色特有的收缩感而自信满满。

小黑裙选购要领

很多时候，最完美的小黑裙会在不经意间与你相遇。如果你铆足了劲儿，甚至发毒誓"一定要在今天下午找到一条完美无缺的小黑裙"，抱歉，你很可能会失望而归。但是，往往在你前去和闺密享受一顿慵懒的周末下午茶的路上，不经意的一个回眸，它就会出现在街角某间店铺的橱窗里。

> 作为一款裙装，小黑裙在服装界的重要性相当于法国娇兰在香水界的地位，它经历了数十年，已经成为了所有女性衣橱里的必备款。

女人天生爱包包

> 女人站在高跟鞋上可以看见整个世界,而当她们拎上一只崭新的包包,则仿佛是拥有了整个世界。
>
> ——《欲望都市》

关于包包,这是我们一直都想说,可一直都不知道怎么说清楚的时尚话题,为什么女人们都那么爱名牌包呢?几乎所有的奢侈品牌销售排行的榜首总是手提包,甚至我们至爱的包都在以我们至爱的女人命名:因为戴安娜Tod's有了畅销全球的D Bag;因为Grace Kelly Hermas有了举世闻名的Kelly Bag,而这两位王妃生前都是名牌手袋以及时装的热情追随者,从而成为我们的时尚偶像。但是,这些名牌手袋又带给了我们什么,让我们身陷其中,让我们如此着迷呢?

为什么女人爱包

包之于女人,是一个特殊的存在。随时百变,却又不可或缺。而女人之于包,又是一个特殊的意义,有点近乎苛刻的薄情,但同时却又有着情场浪子般的痴意。

包又是女人的护身符,女人每每走出家门,第一个要做的事情就是在镜子前摆弄一下包包，确定合适的位置，选择最佳的形态，才肯出门，即使唠唠叨叨的婆婆也不例外，包包成了她的寄托。坐车时，总是把包包抱在怀里，就像一个熟睡的婴儿生怕被人侍弄。也许，百变的只是女人的心情。

其实，包包和服装一样，总是随着季节变换着不同的时尚风采。爱美女性都有着包包情结，穿上靓衫，再配上一个合适的时尚包包，就像是画龙点睛的一笔，让穿戴者的气质、风格体现得更加淋漓尽致。

包包在整个形象中处于非常惹人注目的部位。因此，拥有包包的数量不必多，但质量一定要好。一个优雅的女人白天会有很多事要做，这就是为什么她必须背一个规模可观的大号包的原因。但是你要明白，并不是大包就意味着丑陋笨重，市面上很多经典小款包包同样也内藏乾坤。

首先，你要确保你的包包是用坚实的材质制成的（例如皮质），而且上色也不能有瑕疵。其次，包包要有足够的空间、合理的口袋布局，容得下手机、充电器——你从来没法让手机电池满格，还有可供阅读的东西，如时尚杂志或者想熏陶一下自己的脑子就带本诗集，总之，就是放在里面的东西不能乱成一锅粥。当然，包包还需要装得下你的日常生活必备品：带上牙线，这样午餐过后就不用拿叉子剔牙了；如果你担心自己的口气，就带上口香糖或木糖醇。

一个好的包包的使用频率远比你想象中多得多，所以最好是买一个精美而且百搭的款式。

> 包是每个女人必备的单品，既能起到画龙点睛的装饰作用，还能将小物品方便随身携带。
>
> 有些女性为了节省时间，在不同场合往往使用同一款包，有时因与装扮不搭配，看起来毫无美感。最好是多备几个包，分别用于上班、休闲和晚宴等不同场合。

围巾的味道

当我戴上丝巾的时候,我从没有那样明确地感受到我是一个女人,美丽的女人。

——奥黛莉·赫本

丝巾是女人身上一个柔软的符号,再硬的女人,不管是长得硬的还是心肠硬的,再或者只是打扮硬的,有了丝巾的点缀,瞬间就有了女人本来的味道。

丝巾小赋

如果说女人是天生的尤物的话,那么丝巾就是为女人而生的尤物。再没有一种配饰,能像丝巾一样妩媚和娇柔,那轻柔的质感,随心所欲的姿态,仿佛就是女人的化身。和珠光宝气的首饰不一样,丝巾是柔顺而低调的,永远不会抢去主人的风头,只会给主人平添一份优雅。

要知道,即使我们是一个颜色爱好者,也不可能把所有颜色都穿上身。而丝巾,却可以补足衣橱里那些没有的衣服颜色。

比如橘色。这是很多设计师都钟爱的一种颜色,同时也被认为是最难穿好的颜色之一。很多女性都有过类似的体会,认为橘色是那种五官要长到无可挑剔,皮肤要好到完美无缺，气质要如仙女下凡般的女人才衬得起的色彩，因此自己是绝无勇气将一件橘色外套穿上身的。然而，橘色丝巾却是最好搭配的丝巾颜色之一，上班配白衬衫、黑外套无疑是点睛之笔；假日里配简单的针织衫，都可以让平常的衣服多一抹亮色。

至于丝巾的妙用，更是一言难尽。身材略胖的女人，可以用丝巾来遮掩赘肉，而身材过于纤细不够丰满的女人，又可以用丝巾来丰富身体的曲线。溜肩、细脖……各种缺点都可以被丝巾修饰，而各种优点又可以被丝巾彰显。

> 如果你衣橱里所有的东西就只是一打白T恤，为什么不在脖子上围一条丝巾制造亮点呢？甚至在某一天，同样一条丝巾可能会为你遮住额头上的皮疹。

看看那些职场上优雅得体的OL们，对于丝巾的搭配，更是自有其道。深色的职业装，配小方巾最为可人，也多了几分温婉之气。此时的小方巾，颜色越出跳越能显出柔媚，但是因为紧贴着脸，一定要选择衬皮肤的颜色。冬天里穿大衣，最好选择长条的羊毛围巾，暖和又温馨，至于颜色，要选择和大衣同一色系但又有所差别的。

更有"心机"的，还会在办公室的抽屉里备上那么几条丝巾。上班的时候当然是要穿一丝不苟的职业装，但是下班以后的时间，优雅女人是绝对不会放过一分一秒彰显个性和美丽的机会。只需拉开抽屉，取出丝巾，在细长的脖颈上打个漂亮的结，千篇一律的套装便迅速变得风情万种了。

如何挑选最适合自己的丝巾

由于丝巾与脸部非常接近，颜色应该是最先考虑的因素。那些与你的肤色相匹配的丝巾是最佳的选择，因为这些颜色能衬托出我们亚洲人的肤色，一旦买了，就会用很久。如果觉得这个有点难，那就拿起一条丝巾，在脖子上绕一圈，站到镜子前看一看，让你脸上发亮的丝巾就是最合适你的颜色。

在任何情况下，盛装打扮都比不修边幅好得多。穿得比别人更正式、更引人注目，可能会让我们觉得有点不自在，但这远远好过对外表不加留心，结果相形见绌的感觉。

外套的极品是风衣

> 时装很重要，就像所有能给予你欢愉的东西那样，它能提升你的生活，它值得你去精益求精。
>
> ——王薇薇

在女人的衣橱里，风衣实在是一种神奇的存在。对每个女人而言，当你身着风衣则意味着流行与时尚，大街上那些衣袂飘飘的身影总能博得周围人的关注。那是一种难以言喻的魅力，一种极致的潇洒的标榜，同时集合着内敛雅致与温情浪漫。

优雅女人的风衣情结

其实，优雅女人对于风衣都有了一种固有的情结。一件及膝大衣，堪称女人在一年四季里最完美的情人，在它的呵护下，你不仅可以体会温暖，其独特的剪裁设计、细节处理和配饰运用，都让你的形象更耐看有型，无论走到哪里都抢足视线。

如果你有幸去过巴黎，在那里你会发现，巴黎女人与任何一个优雅女人一样，都极其钟爱风衣——当然，尽管在此之前你已经在无数的杂志和电视节目中了解到了这一点，但当你真的身处这个地方之后，才会真正地领略到这份狂爱到底有多重。

在巴黎街头随处可见身着风衣的女人,尤其是在街边的咖啡屋,三五成群的巴黎女人闲散而坐,这些风衣浮动出美妙的弧线,令路人印象深刻,而且低垂的衣襟下隐隐露出线条姣好的腿部,更是让人领略到那份女性的格外魅力。

也许你原本就是一个风衣爱好者,只是你总认为就自己的身材而言,没有纤细的腰,也没有诱人的曲线,似乎是不太适合穿风衣的,不过,真正的优雅女人可并不这么看,在她们眼里,风衣之所以会成为"外套的极品",就在于它总能够遮蔽穿着者的缺点,而让她们显露出前所未有的魅力来。

如果由于身材的关系,风衣的两襟不得不在你的身前大开着,通过镜子,你吃惊地发现,这实在是毫无美感可言,甚至极为沮丧。即便如此,你也能穿出自己心仪已久的风衣。不妨找来一条松软的颜色靓丽又不失优雅的围巾,你只需要随意地搭在脖子上,让两端自然垂下,这样一来你身前的"空洞"就不会那么明显,反倒让风衣拉长了你的身高。

或许这就是风衣的魅力所在吧。你大可为它想到无数个形容词——它会让你显得帅气,也可以让你显得优雅;它可以让你显得时尚前卫,也可以让你颇有古典美感;它可以模糊你的性别符号,展露出一种别致的魅力,也可以挖掘出你身体里潜藏的女人味,增加你的性别魅惑力。

> 穿风衣的时候,一定要把背挺直起来,当你看着镜子里那个充满精神头儿的身影,心里也确实会欢欣起来。

但是无论如何,风衣会让穿着的人格外感受到一股精神的力量,这才是最重要的是。当你穿上它的时候,紧贴着身体弧线设置的衣料会将上半身妥帖地包裹着,时时让人绷紧神经,不松懈,不拖沓;而它的下半身却从来不是为了贴身而设计,只会展露你的线条,飞扬你的个性,让你感受到不同于那些紧绷的正装和礼服的惬意与放松,这才是优雅女人对风衣情有独钟的真正原因吧。

巧戴首饰，让你光彩夺目

> 首饰代表的是一种复杂的情绪结合与归属感的象征。
>
> ——让·彼埃尔·文特

常常以为，首饰该是有生命的，当一名女子能将一件简单的配饰戴出眩人的美丽，那这样的女人自然是幸福的，也是优雅的。首饰赋予的情趣，是女人将自己从琐碎生活中抽离出来的愿望。首饰也反映出女人们在想象层面对自己的期待和认同，这是种象征意味浓郁的游戏，否则也没有那么庞杂繁复的首饰文化可以承载女人如此多种多样的渴望与表达。

是的，一个有性情的女人只是借用首饰把内在的自己表达出来，它关乎自信的散发，关乎美丽的解读，关乎风格的流动，关乎细节的迷醉，而这份奢侈在此时此刻，与材料无关。

首饰是用来装饰自己的，但你也可以用它来创造自己独特的个人风格。所以，选对首饰，就好比选对了男友一般，锦上添花固然最好不过，但更为让人感动的则是它一登场，即刻让你照亮了整个舞台。

耳环

如果你留心国外的电影或电视剧，你几乎很难找到一个不戴耳环的女性。有耳环的着装才算是完整的搭配，这样才能让你显得"穿着得体"。有时候，戴一对耳环可以让一件简单的衬衫立刻变得非同一般。

耳环常见休闲、工作以及特殊场合三种类型。如果只是用于工作,参加重要商务会谈或者应聘面试,建议你买三副:黄金耳环、银质耳环、珍珠耳环。休闲耳环可以是塑料的或者任何简单的材质。晚会或特殊场合的耳环最好是钻石或珍珠做的,而且有闪光的那种。造型可以是圆圈或是长的悬垂型的。

项链

不同于耳环,项链的使用能显著地带给服装全新的活力,同一件衣服,配上不同的项链就会有别样的味道。而且就算是同一条项链,也可以有不同的戴法——绕一圈、绕两圈,或是和别的项链搭配起来。通常,买一些富有情趣的巨大的项链可比你把衣橱的衣服更新换代一遍要便宜得多。

> 耳环、项链、胸针、戒指及其他,都是重要的衣橱"调味剂",它们可是让你看起来光鲜照人的最好方法之一。

胸针

一枚美丽的胸针作用很大,你可以在不同场合用它,珍珠胸针适合职业装扮;而红宝石、钻石、人造钻石则是晚宴的最佳选择。你也可以尝试把胸针别在肩部、翻领毛衣领口、袖口、裤子口袋,甚至头发上。

当然,你也可以把一枚精致的胸针别在一件无趣的旧夹克上,这能立刻为它制造亮点,或者直接别在小礼服裙和外套上也不错。总之,胸针比你想象中的更百搭。

戒指

除了订婚钻戒和婚戒是需要特别留心去挑选的之外,日常生活和工作中优雅女士们可以尽情选择喜欢的花戒。对于大体积的钻饰戒指,请记住一点:戴它们时一定要低调。

对于戒指,有必要说的是不同的戴法所表达的不同意义。按西方的传统习惯来说,左手与心相关联,因此相对来说戒指戴在左手有着重要意义。现在各式各样的戒指层出不穷,人们戴它也不再严格遵守规矩,只要记住左手无名指不是随便能戴戒指的就行。

不同场合妆容与服饰的搭配
让你在每个场合都焕发光彩

Part 4

不被衣装所束缚,做独一无二的自己

> 千万不要华丽而低俗,因为衣服往往可以看出一个人。
>
> ——威廉·莎士比亚

谈到时尚,不得不佩服优雅女人,她们总是天生的穿衣高手,不费力气就能把休闲和高雅融于一身。下面就来学一学优雅女人的穿衣之道吧!

出门穿衣,你会搭配吗

多数时候,很多女性朋友对于这个问题并不会考虑太多,也许稍微就质地和色彩搭配进行一下权衡,匆匆拿出几身衣裳对比一下,随便挑选出一套就觉得大功告成了。这种态度当然是不够仔细的,不过只要不穿得太出格,也没有人会对此有意见。但在优雅女人的穿衣哲学里,情况就完全不一样。在她们看来,每次出门都是一次大考验,总得仔细地考虑究竟要怎么穿才合适。

其实,这是个时时提醒你注意自己的穿着的城市(如果你身居大城市的话),而且大街上的每一个女人都是你的参照物:走进工作场合,每一个同事的着装都会让穿得不够仔细的人相形见绌;偶尔参加朋友间的聚会,大家也会有意无意地注意到你的穿着。

无论哪一种场合,任何穿得太过简陋或是搭配得不够协调美观的情况,都实在是件让人备感难受的事情。然而,与之相对的是,那些在人群中穿得无比适宜、无比恰当的女性，反倒成了众人眼里最婉转优雅的人。

穿得对比穿得好更重要

在大城市里生活，"怎么穿"这个问题常常会被提到非常重要的位置上来。但是在考虑如何穿得更美丽或者更考究之前，优雅女人还有一项重要的原则：穿得对比穿得好更重要。

也许你想显示自己的着装品位，刚刚花大价钱买了一套名牌的成衣，或者你想显示自己的另类风格而添置了很多具有朋克气息的衣服，但如果你不能好好地运用这些衣服，那么什么风格和价位都是白搭。

> 服装是表达自己的利器，如果不懂得依照各种因素来变化自己的着装，那就等于明明白白地告诉别人：看，我没有分辨情况的能力。

对优雅女人来说，穿衣可是一件全方位的事情，它关乎场合、对象、季节、心情、发型、肤色、个性等，总之关乎一个人的一切，无论是内在的个性气质还是外在的环境都有莫大的关系。衣装是让一个人和自己以及周围世界融洽相处的媒介，所以，穿衣服，必须穿得对。

穿衣服得注意场合恰是优雅女人对于穿着的敏感性的一个重要体现，她们绝对不会做出在休闲场合穿礼服或正装（其实这一点尚可以忍受），或是在正式场合做着休闲打扮的事。所以，当优雅女人要身处不同的环境时，一定会另做一番修饰。

在她们看来，上班当然得有上班的样子；如果之后去逛街，就不能再穿着上班的衣服；夜晚也得有夜晚的装束，如果哪位女士穿着套装出现在酒吧里，无异于是"迷路了的小猫"。事实上，没有合适的衣装，的确会让人显得格格不入。

在法国街头，你很少会看到不懂穿衣的女人。走在大街上婀娜多姿的法国女士，她们的衣服不一定华丽，但是裁剪适体，颜色搭配得宜，若是再配上一些饰品，更是美得令人要行"注目礼"。所以，对于优雅来说，学会穿衣之道的第一点就是：学会穿得对。穿得对的确比穿得好更重要。

休闲衣橱更易穿出格调

> 奢侈是舒适的,否则就不是奢侈。
>
> ——可可·香奈儿

你还在为休闲装的单一松垮、缺乏线条美感而烦恼吗?其实,当你掌握了设计元素和配搭技巧,照样能让休闲装变得柔和清新起来,一如恋爱中的女人。

休闲女人味的时代来临了

世界知名奢侈品牌——Burberry的全球首席创意总监Christopher Bailey说过这样一句话:"Burberry的Catwalk Show向来演绎的就是一种能非常轻松地随心披上矜贵无比的时装的感觉。我经常描绘的Burberry女孩是具有一种凌乱而优雅的气质;她非常优美,而同时,她的内心时刻保持着轻松随意,这款妆容非常适合春季踏青的妆扮,休闲中透出优雅的气质。"

休闲装也优雅

一提起休闲装,也许很多人以为就是始于T恤。现在,大多数流行的T恤都比过去紧身、暴露(起码年轻人是这样的),而且T恤也有很多穿法——单独穿,穿在休闲夹克甚至衬衫里面;或是配上任何牛仔布的服装。

的确,一直以来,休闲装以其穿着舒适、行动方便的特点,深受年轻人的喜爱。尽管如此,当优雅从容与休闲风范相碰撞时,也是一场别具特色的视觉盛宴。穿着休闲又不失优雅的针织衫、西装外套、印花和宽松的连衣裙，给女性朋友带来的是舒适悠闲的生活节奏。所以，简单休闲的装扮一直是不退流行的王道。

其实，我们绝大部分的人的风格不是只有一种的，就像我们的性格一样，会有双重性。我们的风格会以某一种为主，但是同时也有其他几种元素穿插在内，关键在于，在不同的场合我们能否正确地将不同风格元素表现出来，这也是我们平时所说的人的不同风采，也是女人立体而丰满的魅力元素。请记住：美丽可是不分场合哦，休闲和正式场合都不例外，这才是完美的优雅女人。

职场女性干练也要优雅

> 我只要求看上去就像我自己,非我莫属;要做到这一点,不能依靠奇形怪状,只需把自然赋予的一系列不规则的组合略加修饰就可以了。
>
> ——索菲亚·罗兰

对于职业女性而言,要想在撑起职场半边天的强悍里又怀揣温柔婉约的女人梦想,职业装扮上就既要穿出品位,穿出气质,又要做到得体到位,穿出自己的风格,让别人赏心悦目。

职业装

一提到职业装,很多女性不免会认为许多职业装设计方面固定的模式与单一的款式让职业女性的着装方式陷入一种沉闷的风格中,从而掩盖了女性特有的风采。其实,在当今的职业装上也可以找到灵动与时尚的感觉。不论在面料、功能及档次上,都有了推陈出新的时尚设计,而对服饰追求永不满足的女性,更可将职业装穿出百变百味的魅力。

一个懂得如何寻找时尚的优雅女性一定是善于把细节处的点缀放在首位的。她非常清楚领口处看似不经意的细褶、腰间的饰带、胸口的缀花,对体现整套服装的设计灵魂和举手投足的风韵是多么的重要。

相对于休闲装来说，职业装的款型往往有些单调而缺乏新意，这时优雅女人就需要有一双善于发现的眼睛。比如，上下一色的套装，看起来似乎没有一点重点，这时就需要注意腰间饰带的系法，若是再配上一条亮泽淡雅的项链，颇有点"香奈尔"的优雅。

除了细节，能使职业装活跃起来的还有色彩。虽然职业装的色彩变化比较单一，多数时候以黑、灰、白为主导，但如果能够在色彩中找到细微的变化，黑、灰、白也能成为时尚的代言人。比如，在灰色系中加入浅蓝、柠黄、粉红的小配饰，不仅不会抢了灰色的风光，还能让灰变得更纯粹，更有魅力。另外，有光泽的腰带、丝绸感的胸前小花、透明质地的纽扣也会让职业装丰富许多。

与职业装扮相搭配的工作妆

工作妆是日妆当中比较有特点的一款妆容，由于环境的局限性，所以妆面要具备大方得体，成熟干练，端庄稳重的特点。下面介绍一套适合多数女性的化妆方法。

首先洁面，用滋润护肤品按摩面部，使之完全吸收，然后进行面部的化妆步骤：

1. 打底：打底时最好把海绵扑浸湿，然后用与肤色接近的底霜，轻轻点拍。

2. 定妆：用粉扑蘸干粉，在面部的T字区轻轻揉开，余粉定在外轮廓。

> 职业妆的腮红一般在颧骨的下方，外轮廓用修容饼修饰，突出容颜自然与健康。

3. 画眼影：职业女性的眼部化妆重点在外眼角的睫毛根部，然后向上向外逐渐晕染。注意妆容的干净、自然、柔和。

4. 画眼线：画眼线时应紧贴睫毛根部，细细地勾画，上眼线外眼角应轻轻上翘，这种眼形会让人看起来魅力又优雅。

5. 描眉毛：首先整理好眉形，然后用眉形刷轻轻描画。

6. 卷睫毛：用睫毛夹紧贴睫毛根部，使之卷曲上翘，然后顺睫毛生长的方向刷上睫毛液。

7. 口红：应选用亮丽、自然的口红，表现出职业女性的健康与自信。

生活就像走红毯,重要时刻如何光彩照人

每个人都想看起来时髦、迷人,即使装扮得非常华美,也要看起来自然真实。

——迈克·科尔斯

无论你是职场新人,还是公司高管,对于晚宴装扮都绝不要重视。可是,一说到正式晚宴,总会令人联想起低胸晚装和雪纺面料的裙子。假如你手头上有一张宴会请柬,脑海里多半会浮现出及膝丝绸或雪纺小连身裙与高跟鞋的搭配,遗憾地说这只是"很保险"而已。其实,那些所谓的规矩已经过时,除了非常正式的晚宴,我们也可以不做彻底的改变,稍稍变换一下白天的衣服和妆容就能出席晚宴的活动。

晚宴装束

我们总说,每个女人都需要一件优雅经典的小黑裙,现在还需要加上另外一句,每个女人还要学会如何运用饰物搭配这件百搭款。正如你所知道的那样,小黑裙是最不会出错的着装。虽然经典,却也极易埋没在黑压压的人群中。想要艳压群芳,就要在配饰上做文

> 在各种场合,合乎角色的打扮与穿着是一种礼仪,而在不同的社交宴会时,符合个人特质的品位装扮,自然地散发出自信丰采及内敛的涵养,而这种属于你才有的独特魅力,将使所有人惊讶赞叹。

章。色彩丰富的长项链与晚装手袋相呼应，轻快而不失品位。漆皮与麂皮相拼的高跟鞋更能丰富周身大面积黑色的层次与质感。

的确，合适的搭配品装饰，可有画龙点睛之效。而过多的装饰品，却有如画蛇添足，只会掩盖自己的自信、掩盖自己的气质。所以，在选择饰品时，要尽量求其简单而协调。如果你在白天穿的是长裤套装，到了晚上，就自信满满地戴上一副水晶耳环，当然，也可以换上银色的高跟鞋，别上胸针或者是戴上一条与耳环相配的项链，这些小改变都能立刻提升你的华贵感。不过，切记一点：千万不要舍不得省去多余的项，让自己的衣着装饰，看起来像圣诞树一样琳琅满目。那就未免太滑稽了。

如果实在没有小饰品来救场，那就在你的包包里随时准备一条百搭的优质丝巾或披肩吧，这可是最偷懒但又最靠得住的着装哦。在晚宴场合上，你可以大大方方地把它披在日常通勤的灰色系西装外套与半身裙外，虽不够花心思，但至少也能应付那些不得不去的商务场合。不过，千万不要使你显得老气，而且还要确保你的女老板也不会这么偷懒。

你不可缺少的两样化妆品

1. 遮瑕膏：遮瑕膏是化妆程序中的重要环节，它能把脸上所有的瑕疵都遮盖住，让你不会为青春痘、红血丝、雀斑、皱纹这些问题而困扰。

2. 眼线笔：它能使眼睛看上去更大一些。亚洲女性的眼睛大多比西方女性的小，所以眼睛需要清楚地勾勒出来。对于这一点，眼线笔比睫毛膏更有效。这是因为我们的厚眼睑遮住了一半睫毛。

晚宴妆容

如果有足够的时间，就清洁除眼睛以外的整个面部（假如眼睛已经化好妆了）。涂了面霜后，用些遮盖霜遮盖色斑和有疤痕的地方，并轻轻抹匀。再擦一些粉在脸上，使皮肤看上去更完美。为了更好地突出你眼部的化妆，尽量涂两层睫毛膏，用与围巾同一色系的腮红。

在晚宴上，唇膏的颜色看起来会弱一些，所以要选比白天的颜色略深或艳的口红。一款深色口红会令你看上去更为隆重。如果随身携带唇笔的话，那么别忘了用它来美化并突出你的嘴唇。最后，在唇的中央略微涂上唇彩。之后，你就尽可放心大胆地收腹、抬头、微笑，享受你的聚会啦。

坚持做正确的事：读懂邀请函的着装要求

> 优雅不是那些刚刚从青年时代挣脱过来的人，而是那些已经掌握了自己的未来的人所拥有的特权。
>
> ——可可·香奈儿

现今社会出席各种社交场合的机会越来越多，如何正确地解读你收到的邀请函，才不至于让你在社交场合中失礼呢？下面是几种常见的派对宴会着装要求及穿衣指南，有助于避免举止行为有失优雅的情况发生。

商务休闲会

在商务场合中，每位商务人员的着装，除了展现着他的个人修养，更体现着他的审美品位，同时也反映了他对商务场合约定俗成的习惯做法的了解程度。

商务休闲会是一种典型的商务型会晤，因为所有那些重要人物都要出席，所以你应该明确一点：你只能表现得很休闲，但不能真的随意。在这种场合下，你尽量不要穿牛仔裤，除非它裁剪精良，而且没有花里胡哨的装饰洞洞。不过，你可以放心准备一条短裙，或者一条精美的酒会礼服配上一件开襟衫。

鸡尾酒会

鸡尾酒会（cocktail party），应该是外企白领参加最多的社交活动了，一般在下午6~8点这个时间段内举行，宴会上会有酒水及小食招待，嘉宾基本都是站着，可以在场内走动交际。

对于穿着，尽管放松是可以的，但宁可正式一点，也不要太过随意——比如男士以深色的西装为主，女士选择一条鸡尾酒裙就更适合一些。

户外烧烤

你是不是很喜欢户外烧烤的感觉呢？暖暖的日子里，闻着烧烤的香味，哦，这种体验实在是太棒了！但是这种场合的着装也绝非易事。这里给你一个由衷的建议是千万不要穿白的衣服，如果你一不小心坐在了一只没有吃完的鸡翅上，那样子岂不像是你的"好朋友"突然造访来看望你一样，够倒霉的吧。另外，也尽量不要穿太飘逸的衣服，想必没有哪位气质女神会看到一条长长的丝巾在熊熊的火苗上摆动招摇的囧态吧。

> 个人形象管理有一个"55387"原则，即商务交往中的第一印象，55%来自你给别人的外表形象，38%来自你的肢体行为表达，7%才是你的语言，可以说，完美的形象力在某种程度上就是个人的品牌力、影响力、号召力。

主题派对

尽管有些人非常喜欢各式各样的主题派对，也有些人对西装革履情有独钟，但是不可不知的是，准备那些奇特的服饰的过程非常有趣而且令人难忘，特别是你和朋友们一起创作的时候。所以，花点时间，费点心思，搞点创意，找点特殊装扮，把它们统统穿戴上，不失为一件有趣而又有意义的事。当然，面对如火如荼的特色主题派对，并不是让人盲目地追随跟包、孤注一掷，其实，只要掌握其中精髓，仍然可以"盛装"出席。下面以"休闲派对"为例，做一个说明。

在家庭圣诞派对上，休闲也许意味着你可以撕破你的那条价格不菲的牛仔裤，但是在一个传统宴会上，休闲可并不意味着你可以拿出一副整个周末都窝在沙发里看重播肥皂剧消磨时间的样子。主人在邀请函上写上"休闲"是希望大家看起来很轻松很休闲，而不是邋邋遢遢、敷衍了事。

简洁主义：简洁不等于简单

永远简单，绝不多余。

——可可·香奈儿

每个具有优雅气质的女人看起来都是那么赏心悦目，却也有着自己独特的风情，但是，不知你注意到没有，她们有一个共同之处便是：她们的装扮常常是简洁的，并不花花绿绿，也很少重重叠叠。

优雅女人的简洁衣橱

在优雅女人的衣橱里，常会见到那些剪裁明快、线条突出的衣服类型。她们总会挑剔地认为一件好衣服，最重要的是适合自己：适合自己的身材，也适合自己的个性和心情。而其他的设计和装饰只能是为这两者服务罢了。简洁，

> "把什么都堆在身上，那看起来实在让人难受，仿佛整个人被很多份繁复杂的事情缠绕着脱不开身。穿衣服最好能给人比较清爽的感觉，而颜色、花式和其他的东西都只是一点小小的补充"。这或许代表了大多数优雅女人的想法。

仿佛是她们一致的穿衣规则。不但信奉，也一直如此实践着：不要把自己打扮得像张装饰着各种水果和各色果酱的千层饼。

如果觉得身材不够完美，她们就会依靠一些设计来弥补，但并不会贪恋多余的花哨和堆叠。如果实在不喜欢穿得式样过于简单，她们就会选择领部带有花式的或是腰部有简洁褶子的样式，但总体来说，她们是不会钟情于那些过于繁复的

造型。

色彩永远是优雅的一部分

至于色彩，缤纷靓丽当然是每个女人都希望做到的，但对优雅女人来说，却遵守着这样一个重要的穿衣原则：浑身上下的色彩，最好不要超过三种。

对于色彩，她们的想法通常是，尽量利用自己的想象力和美感，把颜色搭配出令人愉悦的效果，而不是穿得花花绿绿，或是花纹斑驳得令人眼花缭乱。她们喜欢素色的衣服，或者至少衣服的色彩能够形成大的色块，"看起来比较有整体感"。

让配饰发挥到淋漓尽致

当然还有一点也很重要，那就是首饰和配件。帽子、眼镜、耳环、项链、胸针、手套、戒指、手链，还有腰带，每一样都是优雅女人的最爱，而且她们总能把这些小物件运用得恰到好处，让它们能够和衣服产生相得益彰的效果。

但她们对配饰的使用并不像很多女性想象的那样多。她们只会使用其中的一样或两样，而且常常是在不得已的情况下才用；如果并没有觉得"非用不可"，她们是绝对不愿如此烦琐的。

接下来是耳环、项链、胸针，这三样的使用频率几乎不分上下，但同时使用的概率却并不那么高，优雅女人们往往戴了耳环就不愿佩戴项链或胸针，以免这些东西都挤在一起，让自己看起来"像个炫富的乡下人"。

看到这样的结论，你是不是实在觉得有些诧异，甚至都要以为，优雅女人简直是懒于装扮自己的了。当你正抱怨似的这么一说时，优雅女人们要做出回应了："你说得对。不过我想我得进行一点小小的修正：我们是懒于过分装扮自己的。"

确实如此，没有一个真正的优雅女人会让自己穿得过于花枝招展，但也不会有一个人显得过于朴素。她们给人的感觉，永远是那么的优雅大方。即便有着良好的剪裁和完美的色彩搭配的衣着，也绝不会因为不够华丽、不够大牌就让人觉得索然无味。这又何尝不是优雅女人的简洁主义的实用性呢？

追求有品质的生活

从简单的生活中采撷情趣

Part 5

心有梦想，才能走得更远

一个人可以非常清贫、困顿和低微，但是不可以没有梦想。只要梦想存在一天，就可以改善自己的处境。

——奥普拉·温弗瑞

飞速的时代发展，让现实足够五彩缤纷，而过度的五彩缤纷，又让人们变得越来越现实。其实，每个人，无论你从事什么职业，都需要一个梦想。小时候，我们经常做的一篇作文就是《我的理想》，少年时代的理想不外乎是我们想象中的美好的职业；现在，尽管我们已经有了一份职业，但我们还需要一个梦想。作为女人，面对社会日益竞争激烈的压力，更要有自己的梦想。

做一个有梦想、有追求的女人

在当今这个时代，不仅男人要有梦想，女人更要有自己的梦想。在男人眼中，有梦想的女人更有吸引力，更自信、更独立。一个为自己梦想努力奋斗的女人浑身都会散发出一种迷人的气质。而一个没有梦想、不愿为梦想奋斗的女人在他面前就会黯然失色得多。

一个有梦想，并为自己的梦想而努力拼搏的女人，她能真正理解生活的含义，并懂得生存的意义。经历了为梦想而拼搏，经历了岁月的沉淀和现实的打磨的女人的人生才是丰富的、充实的人生，才是有意义，有价值的人生。

生活中，我们也需要梦想

梦想有的时候没有理想那么具体，更像是一种职业责任和职业信仰，可是，我们依然需要它。这样在我们疲惫的时候，泄气的时候，遇到挫折的时候，它就是职业生涯中可以让你峰回路转、豁然开朗的那盏照明灯。

对友情，对爱情，对人间所有真挚美好的情感，以及对日复一日柴米油盐的日子，梦想永远都是雨过天晴后的那道彩虹。如果我们永远低着头走路，看到的就只会是方寸之地，困惑住自己的一定是眼下面临的困难；但是如果我们扬着头走路，就可以看到更远更蓝的天，就可以想到所有的困难和挫折都将成为过眼烟云，心里有梦想，脚下才有生气，这样才不会浑浑噩噩地过日子，才不会轻易地被失败打倒。

当然，如果只是把自己的梦想停留在想象阶段，那这个梦想就会显得苍白无力，也就没有任何意义了。其实，追求梦想是一个漫长而又艰辛的过程，我们不可避免地会遇到许多困难和挫折，如此，我们更需要不断学习，不断充实自己，不断超越自己！学会面对逆境，迎难而上；学会执着追求，不屈不挠；学会辛勤耕耘，无怨无悔……

世界上最快乐的事情，莫过于通过自己的努力，实现自己的梦想。我们每个人都一样，只要敢于挣脱平庸命运的摆弄，勇敢去追寻自己的梦想，人生将会出现另一种辉煌和多彩。而有梦想并为自己的梦想而努力奋斗的女人总是最美丽的女人。

无论单身或结婚,最重要的是要快乐

> 爱也许真的很苦,但走过崎岖山路,攀上山巅,张看游移天地间纯粹的宽大与寂静,得到的,便是超越痛苦的喜悦与平静,身心灵天地人合一的壮美与圆融。
>
> ——素黑

在女人的生命中,爱情是最重要的一件事情。时装可以让一个女人美丽,珠宝可以让一个女人闪耀,化妆品和科技手段可以让女人看起来清纯永驻,但是,可以让一个女人更有魅力、更性感的,唯有爱情。

爱情的真谛

在爱情这件事上,很多人非常宿命,相信冥冥之中,上天早已给每个人安排好了一个或者数个爱的故事以及爱的结局。其实,爱情,真的不用急,真的是等来的。

只是诚意地等和混沌地等有着很大的差别,前者永远相信爱情,珍爱自己,认同一个情字大于其他所有;后者永远在问"世上有真爱么?"不相信,就乱来,糟蹋感情、糟蹋自己……而那些美丽的邂逅,终究是给前者准备的,不相信爱情的人,又怎么会有一见钟情?

在爱的路上,很多女性一直在苦苦等待这样一个好人——善良,忠诚,有责任，有担当，可以托付终身，那么在这个人出现之前，何不先让自己成为这样的一个好人呢？善良，忠诚，有责任，有担当，可以荣辱与共。

亲爱的，在你的Mr Right出来之前，你要好好寻找你的梦，实现你的梦，做你想做的事，做什么都可以，做好它，就是对你的选择负责。不过，在我们还没有好好爱自己之前，其他一切，都只是思想的幌子，所谓的爱也可能不过是感情用事的结果。所以说，爱是修出来的果实，一生中能有幸拥抱值得爱的人，值得尊重的生命，已经是最大的福分。

> 婚姻是两个大脑、身体、灵魂、精神、希望、梦想、需要以及不同个性的结合。只有当婚姻中的彼此带着敬畏之心去欣赏这种区别的时候，各自才能最大限度地享受生命、真心去爱。

爱一生的秘诀

当一段爱情变成一段日子的时候，当两个人的卿卿我我变成一大家子的柴米油盐的时候，女人需要更高的智慧。当然，经营婚姻虽然并不容易，但婚姻也并不是可怕的。维持幸福婚姻的储蓄源于日常生活的点滴之中，一句温柔的情话，一杯淡淡的热茶，一个会心的微笑，一次争执的让步，一个冷战后的拥抱……都会大大提升婚姻的质量，使爱情之花常开不败。

有人曾不恰当地比喻，爱情好像麻将牌，拿到什么牌是命中注定，而出手什么牌，什么时候出什么牌，却掌握在自己手里。其实，获得幸福婚姻的最有效方法就是两个人都提高自己、修炼自己、完善自己，只有这样相处起来才会轻松，也只有这样，婚姻才不会对双方构成束缚。情本无输赢，一定要论输赢，只要爱过，就是赢。

读书,留一点静好的时光给自己

想拥有优雅的气质,就要与知识同行,你就永远不会寂寞独行。

——奥黛丽·赫本

台湾作家林清玄在《生命的化妆》一书中曾说,女人化妆有三层,其中第三层就是多读书。当今社会,聪明的女人俯拾皆是,而知书达理、个性温和的女子不管走到哪里,都是一道美丽的风景线。

这样的女人可能貌不惊人,但却有着一种内在的气质:无须修饰的清丽仪态,幽雅脱俗的超凡谈吐,自有静的凝重,动的优雅,坐的端庄,行的洒脱,而这一切皆源于读书。女人自身的修养最离不开的就是读书。

爱读书的女人最美丽

读书的女人,不一定都出生于"书香门第",但是家中都有书的墨香,常常青灯黄卷,与书为伴。一个女子长期浸润濡染着书香,身上自然就有了书香气,有了与众不同的风雅韵味。拥有书卷气的女人,知书达理、聪慧睿智,言谈举止间透着一股文化气息与修养。如深谷幽兰,散发着一股淡淡的清香雅韵,这样的女人美得别致而细腻。

的确,爱读书的女人,就是一杯散发着幽幽香气的淡淡清茶,那是天然的质朴与含蓄混合在一起,像风一样的迷人,像水一样的柔软,像花一样的绚丽。书读得多了，人也变得越来越自信，越来越有气质了。

而且读书又是不分年龄界限的，和书籍生活在一起，永远不会叹息。知识是最好的美容佳品，书是女人气质的时装。书会让女人保持永恒的美丽，正如高尔基所说："学问改变气质。"

优雅女人必读书推荐

书籍是人类智慧的结晶，也是女人所有魅力的源泉。读书，为她们添风韵；读书，也让她们的人生变得更精彩。这里所列举的30本经典著作会在不同方面给女人以不同的启示：

> 八卦小报或许是一种有趣的读物，但是记住，它们只能被免费赠阅。如果你在几年内都没读过一本书——却知道当红影星每晚跟谁共进晚餐——那你就有点问题了。

希望获取知识、增长才干的女人应阅读《第二性》、《苏菲的世界》、《人与永恒》等思想性强、有哲理、有深度的书。

为了怡悦芳心、陶冶情操的女人应读《泰戈尔词集》、《纪伯伦散文集》、《再别康桥》、《纳兰容若词传》等诗词类著作。

喜爱文学类书籍的女性读者一定要知道，《红楼梦》、《围城》、《简·爱》、《傲慢与偏见》、《飘》，它们可是优雅女性不可不读的世界名著。

现代女性出入社交场合，仅凭漂亮的外表是远远不够的，社交是一门艺术，需要后天的修炼，而《女人的资本》、《优雅》、《女人的修养与处世智慧》等书会告诉你如何充分展示女性特有的魅力。

优雅女人并非不食人间烟火的圣女，她也应当是一个对美容养生、旅游休闲等生活艺术感兴趣的女人，也许一次舒适的美容体验，一个有效的瘦身计划，只是生活中的小细节，但却是聪明女人关爱自己的开始，所以《女人的身体，女人的智慧》、《只有医生知道》、《再不远行，就老了》等生活方面的书籍也是优雅女士书架上必不可少的盛宴。

此外，经久不衰的《小王子》、《爱丽丝漫游奇境记》、《哈利·波特》会让在现实中迷惘的女人找回自己失落的纯真；《斯波克育儿经》、《爱的教育》、《孩子你慢慢来》是家有宝宝的母亲的首选育儿书。

不旅行,不知世界有多美好

> 人世间再没有哪一件事,如旅行般这样禁得起反复回忆。
>
> ——晓雪

如果生活的要义在于追求幸福,那么,除去旅行,很少有别的行为能呈现这一追求过程中的热情和矛盾。旅行总能表达出紧张工作和辛苦谋生之外的另一种生活意义。

旅行的意义

曾经有人在微博上说,与其买房,不如买包;与其买包,不如买机票、火车票,或者干脆骑着自行车去旅行。人生苦短,无论你是绝世美女,还是亿万富翁(何况我们都不是),到头来都得面临同样的生老病死。等我们老了的那一天,老得走也走不动的那一天,老得可能另一半已经先你而去的那一天,想想看,那个时候什么对我们才是最重要的呢?恐怕唯有美好而珍贵的回忆。那些记忆,将让我们觉得不枉此生。而出门旅行,总是能造就难忘的绝无仅有的充满惊喜的记忆。

更何况,在现实现世,在如此嘈杂而繁重的日子里,实在需要一种说走就走的勇气。当一个人放下手头的一切,拉着行李箱投入另一个自己不熟悉的大千世界时,不仅是开眼界长见识的机会,同时也学会了"放下"和"拿起",放下的是平日里的烦恼与焦虑，拿起的是全新的勇气与信心。也许老天本来就是这样设计我们的日子的，有时我们要为了柴米油盐抛开一切，有时我们要抛开柴米油盐为了更好地生活。而旅行恰恰是出去透透气最好的选择。

人生要有一次说走就走的冲动

在每个女人的心中总有一种冲动，就是以更独特的方式到更远的地方看更陌生的世界。一个女人，如果你去过的地方越多，见过的人和风景越多，那么，装进你心中的美好也就越多，你的心也会因此变得越来越强大。有些时候，女人需要这种对生活的求索。

其实，每次出门旅行都是人生一段缩影：路上有惊喜也有惊险，有迷路的时候也有走弯路的时候，有陌生人相助的感动也有上当受骗的委屈……这才是人在旅途时最真切的体验。

在路上，当我们见了海，才知道自己不过就是一滴水，自己的辛酸有多么浅；当我们见了山，才知道自己不过如一粒尘土，大千世界中，自己的这点儿苦又能算什么。在路上，当我们有机会看到别人更精彩或者更悲惨的人生，才能感受到自己的渺小从而懂得知足常乐；当我们放下自己的一切架子，以最放松的心态重新看世界时，才明白无论一个人的职业身份、地位、相貌如何，在路上，你只是一个过客，所有的人都是过客。

都说女人就是天生的浪漫者，而旅行中那些不可测知的东西恰恰是它的诱惑所在，甚至旅行中的一筹莫展都是有趣味的。当你在刻板的办公室里，感到快要发霉时，那就放下手头的文件，跟自己说："走出去，拥抱一下明媚的艳阳天，晾晒一下自己潮湿发霉的心情吧。"

人这一生中至少要有一次冲动吧——一次说走就走的旅行。虽然旅行并不能改变人生，但是旅行中的所感所悟，却可以改变一个人的生活态度。

运动是件美好的事

世上没有比结实的肌肉和新鲜的皮肤更美丽的衣裳。

——马雅可夫斯基

在法国电影《如果它是他》中,女演员卡罗勒·布凯扮演一个似乎拥有一切的现代法国女性,她和年幼的儿子住在巴黎一栋漂亮的公寓里,有专一的男友,有辉煌的事业。不仅如此,每一天她都会爬楼梯回公寓,她可不仅仅只是为了步行,而是轻松地享受,她还会在最后几步重复几遍上下楼梯的动作,这很可能会让她漂亮的臀部看起来更加紧实。

看到这一场景,想必你也一定会觉得非常有趣。其实,你也可以积极地挑战自己,并且总能坚持下去。最棒的是,这样的日常锻炼不需要花钱,简单易行,还能让人振奋起来!

一整天都能做的运动

如果养花,你要浇水、修枝、施肥,让它生长得更好。对待身体也一样。所以,你也需要经常检查一下身体状况,脱下衣服站在镜子前,看看身体哪个部位看上去不够理想或是越来越糟,然后通过运动去改变那个部位。

除了晨练,你还需要自然地把以下的运动穿插在一天当中。最关键的是,它们都不会占用你太多的时间，也没有人会特别注意你在做运动。而你的优雅与气质竟会在不知不觉中让人刮目相看。

站着的时候

等车、排队、洗手或任何你能想到的站着的时候，你都可以做下面这些运动：

1. 强健胸部

将双臂抱在胸前，在肘下方抓住前臂。用力把双手推向手肘。随着次数的增多，你会感觉到胸的上部得到了锻炼。如果你的体力足够充沛，一天尽可能地重复多次。

2. 提臀

保持身体的上半部放松，沉肩。与此同时，口中默默从1数到10，你所要做的就是放松，并尽可能重复多次。

借助一堵墙，也能打造优雅曲线

没错，借助一堵墙，你也可以保持优美的姿态。

1. 把鞋脱掉，倚墙而立，让双脚离墙约30厘米左右。
2. 整个背部靠墙，并做向下移动的动作，直到大腿蹲至与地面平行。在此过程中，背部始终和墙面完全紧贴。
3. 最后，把双手放在大腿上，能保持多久就保持多久。

这套动作对于锻炼你的脊柱、塑造身形非常有益。

---

3. 肩部放松

双手相合，十指相扣，向外翻掌，往前伸展手臂与肩同高。伸直手臂，用力往前推，保持十秒，放松。手掌以同样的姿势，伸展双臂到脑后，用力往上伸。保持十秒，放松。手掌以同样的姿势，向下伸展手臂，用力往下压十秒，放松。

坐着的时候

上网、坐车、有座位等候的时候，你可以做做下面这套运动：

1. 挺直端坐，提臀

做这个动作的时候，要保持肩膀放松，保持姿势从1数到10。放松，并尽可能重复多次。如果你做得正确的话,你会感觉到自己坐得很高。

2. "拥抱自己"

将右臂经胸前交错到左臂下,尽量使右手碰到左肩胛,就好像你在拥抱自己一样。放松肩膀。做这套动作时,你同时要做数次深长而平缓的呼吸,每次呼吸都有助于消除肩部的紧张。

3. 收缩手臂肌肉

在驾车遇到红灯或堵车的时候,可以倚靠着座椅背,双手掌心朝上环抱方向盘的底部,把方向盘当作阻力,收缩手臂肌肉。

最偷懒的保持身材的动作

脖子是女人的性感部位之一,而拥有天鹅般的美颈更是每个女人的梦想。不断重复下面这套动作,缓解颈部疲劳的同时,更能塑造颈部的优美曲线。

先闭上双眼,放松肩膀,让下巴靠近胸部,体会整个头部的重量拉伸了颈背,深呼吸三次;保持下巴下沉的同时,慢慢地转过头去看左肩并再呼吸三次,体会颈部的右侧被拉伸的感觉;然后,把头转回正中并继续保持下巴下沉,转过头看右肩,体会颈部左侧被拉伸的感觉,同样再平缓地呼吸三次。此法可以使脖子得到拉伸,对于短脖子和粗脖子都有很好的改善作用,每天要坚持练习。

不搽香水，是没有前途的

不用香水的女人没有将来。

——可可·香奈儿

香水是一种魅力无穷的武器。它可以在一瞬间将你带回到过去的某个场景——数年前的夏日假期、海滩嬉戏、甜蜜初吻或者曾经沧海的旧情人身边。

美国女性问题历史学家乔治·特鲁埃在《香水神话》中说："女人本身就是香味甜甜的，因为这是上帝对她们的照顾。可是雅典娜女神仍然觉得女人还不够香甜，就使出魔法把奥林匹斯山的圣水变成了一碗香水，洒向人间大地。这样，世界就成为女人拥有香水的乐园。"

香水的魔力

当我们试图用如同香水一样飘逸的文笔来描述香水文化时，总会不由自主地感觉到我们正呼吸着香水的芬芳，快乐的时光也仿佛正激荡着我们的身心。

的确，香水的柔情，香水的细腻，总是给我们的身体创造出许多香飘四溢的感觉，而渗透在香水背后的故事更是以一种特有的热情包裹着我们的生活。每一个关于香水的感觉和故事都是那么的香甜，都可以让我们在十足的体验中找到文化的韵味。

自古以来，爱美的女人都喜欢用香水。香水与女人之间，似乎生来就存在着一种亲密而微妙的关系。女人的美丽及优雅，借着曼妙的香气暗暗传送，展现出独特的个性魅力。一个气味芬芳的女人自然也成了人们乐于接近和赞美的对象。

香水所具有的魔力,一如潘多拉的盒子,包藏人心的无尽渴望。然而,唯有各式晶莹剔透的玻璃瓶,方能捕捉它美丽的放肆。可是,一旦不经心被开启,瞬间即泄露了香气的秘密,迷人魅力就此蔓延开来……

寻找属于你自己的香水

如果你还没有钟爱的属于自己的香水,现在就开始寻找吧。为了找到自己喜欢的那一类,可以去最大的零售店,问那些知识渊博的店员,告诉他们你喜欢哪种香水,希望他们给你一些建议,甚至给你一些样品带回家。别急,请花点儿时间慢慢享受这个过程,直到发现让人深深着迷的那一款——你会很高兴自己有了充满香气的名片。

香水喷在哪里最好

喷对了香水可以给人留下深刻的印象,但是你真的能用好它吗?

1. 喷香水的最佳位置是手腕、脖颈、耳根后面、眉弯处和乳沟中间,因为这些地方都有脉搏的跳动,自然体温会比较高——而香水遇到温暖的环境,气味会更易散发。请记住:虽然上述都是喷香水的通常位置,但并不是说每一次你都得把它们喷满,尽可随个人喜好和习惯而改变。

2. 出于某种原因,人们总是喜欢在喷上香水后把两只手腕对着拍打一下。可别这么做,因为这样只会让香味变淡。

3. 如果你想在头发中喷点香水,那么只有在你的头发是干净的而且没有其他气味时再这么做。

芳香精油的诱惑

我的梦想是把女性从天然的本来状态中拯救出来。

——克里斯汀·迪奥

女人会不断地买一本本很漂亮、很精致、很可爱，但完全不需要的笔记本；女人会因为阳光洒进窗帘的那一刹那感动而迷上一间咖啡屋；女人也会因为一抹不经意的微笑而挂念着一个人；女人更会明知不可以却仍然抵挡不了抹茶蛋糕的诱人香味！没错！这就是女人，注定喜欢美美的、香香的东西！

大自然的恩赐——植物精油

很多女人之所以喜欢精油，喜欢芳香疗法，就是因为它美美香香的特质非常符合女人的情感需求。一位知名女主播曾说过："假如你知道什么叫作芳香疗法，那你就是离美丽最近的人，假如你已经能够非常娴熟的享用芳香疗法，那你肯定就是一个充满魅力的女人。"

对于已成为流行生活风尚，并且方兴未艾的芳香疗法，有人以为可以用它来治疗疾病，也有人以为它仅仅是种怡情养性的时髦产品。其实，芳香疗法有其更精致且深刻的内涵。

精油是由植物的不同部位萃取而得，是一种存在于植物的花朵、叶片、根茎、树皮、树脂中的有机化合物，是纯天然的植物精华，没有经过添加、过滤或人工合成过程，通常只有些微的含量，所以需要大量的植物才能萃取出精油。例如，当我们用手指搓揉天竺葵的叶片时，会感到手指黏黏油油的，那种带着香味的东西就是天竺葵的精油，它是从存在于天竺葵叶片里的腺囊中释放出来的。

　　大自然中，每一种植物精华都因其特殊的化学成分、特性以及香气而具有独特的治愈能力，例如：安抚、松弛、兴奋、提神，以及许许多多针对身体器官和身心平衡的能力。芳香疗法的奇特秘密就在于借助精油的魅力，不仅能以富含的天然化学成分帮助我们改善生理功能，也能从情感需求的角度来抚慰我们易感的心灵。

当女人爱上芳香

　　当然，精油绝不仅仅只有美美香香的浅薄功能，它最吸引人的地方在于，每个人和它碰触的体验是不一样的，而且每个人身上所呈现出来的魅力也是各有特色的。不过，当精油的香味经由嗅觉神经被输送到大脑时，那种难以言表的欢愉情愫却常常让人浮想联翩。其实，植物学家们早就告诉我们，植物是利用散发的香气来进行彼此之间的沟通的。美国一位自然学家约翰·伯勒斯所说的一句话就颇值得回味：我走进大自然，安抚和治疗受创的心灵，并且再一次地拾回我对美好事物的感觉。

　　是的，植物精油就是借着特定的香气来"唤醒"我们心灵深处那些沉淀已久的美好记忆：孩提时代对未来的憧憬、对微小事物的欣赏、对大自然的满心欢愉。因此，有人说芳香疗法的美妙之处在于精油香气的作用，从内在对人的心理、情绪、心灵进行改善，甚至是身体器官的生物功能。

　　作为女人，尤其是现代都市女性，时常会觉得被身上的多重角色压得喘不过气来，从现在起，跟着芳香的脚步，你会发现，芳香疗法真的很适合自己，因为女人本身就应该是芳香迷人的。还犹豫什么，现在就从芳香精油的抚慰中开始吧！

怎么选购好精油

　　从目前来看，所有从事芳香疗法的专家，都无法举出一套简单易行的选购精油的方法，经验的累积仍然是最可行的方式。即便如此，对于初学者来说，选择精油仍然有一些可具体辨认的项目供参考。

关于品名标示

国际芳香疗法制造商协会指出,只有100%萃取自天然植物,没有任何人工合成成分的精油才能标示"Pure Essential Oil"。如果产品中只添加了少量的精油成分,其他都是生化科技的产物,那么产品的名称只能以"Aromatherapy Oil"、"Aromatherapy Blend"、"Essence"等名称来标示。

1. 纯度

选购精油时,"纯度"是一个非常重要的标准。有些昂贵的花香调精油,如玫瑰精油,30~40朵的新鲜花瓣才能萃取出1毫升的纯精油,因此像玫瑰这种昂贵的花香调精油,就有两种不同的纯度——100%或5%可供选择,所以价差也就十分惊人,在选购时必须认明。

2. 产地

如同所有商品一样,在精油产品的标签或说明书上也必须标示产地。因为生长于不同地方的植物所萃取出的精油,在品质和性能上存在很大差距。比如,最好的薰衣草精油品种来自法国南部的高地,而法国其他地区虽然也生产薰衣草,但在品质上却无法和南部高地的薰衣草相提并论。

3. 萃取方式

在精油的说明书上必须注明相关的萃取方式。有些精油成分非常脆弱,遇热后会失去理疗性能。例如所有柑橘属家族的精油都必须以冷压法萃取,而不是以最常见的蒸馏法。但是柑橘属家族的莱姆却是一个例外,只能以蒸馏法萃取才能得到更好的性能。因此,清楚注明萃取方式的商品,才足以取信于顾客。

会享受食物,才会享受生活

> 告诉我你平时吃什么,我就能说出你是怎么样的一个人。
>
> ——布里亚·萨瓦兰

一位顶尖的CEO曾说,他总是喜欢请未来的雇员吃饭,由此看出这个人是否有教养。在这位CEO看来,一个人在餐桌上的礼仪最能反映出他的背景和受教育程度。可见,就餐时你的表现优雅得体,也许可以收获意想不到的效果。

然而,有人或许会争辩说,吃饭,毕竟是一个人的事情,做自己的事,还需要这么多的规矩吗?确实如此,如果你稍不留心,很可能就会做了连自己都不知晓的"糗事"。

告别零食

吞吃零食绝不优雅。如果你不相信,那就留意一下那些浑浑噩噩,狂塞零食的女人的样子吧。她们无一例外地会坐在电视机前,拿着一大袋椒盐脆饼或一桶挂着巧克力碎的冰激凌,心不在焉地往嘴里塞,可她们自己却全然不觉。说不准就在她们津津有味地吃着所谓的美食时,零食屑已经零零碎碎地掉落得满处都是,如果她们够倒霉的话,不小心溅落的冰激凌兴许还会弄脏了刚刚熨烫过的连衣裙,那岂不是大煞风景的事?所以说,零食可真是优雅的死敌,优雅女人是绝不会轻易沾惹它们的。

如果你真心实意想要打造魅力优雅的形象，那就根本别让质量低劣的垃圾食品出现在家里，甚至连超市里摆放这类食品的货架过道都不要驻足。如果这些食品并不是那么触手可及的话，想必过上一阵子你就不会再怀念起那些让人上瘾的撒满奶酪的饼干了。

绝不匆忙进食

想象一下大家闺秀、小家碧玉这般淑女们是怎样吃东西的，她们使用的餐具往往都是小件的，菜、饭也都是小份，她们绝对不会狼吞虎咽大口吃饭，而是细细地咀嚼，好好享受食物的美味，总之不会仓促进食。

> 当你实在忍不住想吃零食时，只选择优质食物。也不要在走路、开车或站着的时候进食。

另外，用餐的时候也应当全神贯注，心无旁骛。毕竟你的身体正在消化食物、吸收营养。也许很多人会说："我还要急匆匆地赶着去上班，又怎么能做到呢？更何况，我觉得边走边吃也没什么不好。"要知道，优雅女人是从来不会在快要上班迟到时，啃着苹果或是提着外带咖啡急匆匆地冲进办公室的，她们每天都会在固定时间用早餐。

如果你不得不吃些快餐零食，也请选择一种自控、优雅、文明的方式。不妨走进一家咖啡馆，或是近在身边的美食区，安安静静地坐下来，像一位真正的淑女一样，好好享用一顿便餐吧。

用餐品质至上

当然，如果你没有均衡的一日三餐做保障，任何杜绝零食的努力都会是徒劳的。可是，一说到吃，一说到一日三餐的计划，你是不是常常觉得一筹莫展呢？如果实在想不出来下一顿该怎么解决，是不是索性就奔向厨房，翻箱倒柜地搜罗那些花花绿绿的零食呢？其实，三餐正常，零食才不会困扰你。

优雅女人总是把三餐放在生活中的重要位置上，甚至可以说是以一种仪式化的方式来享用。她们每一天的三餐都很均衡健康，从来不会出现因为没有吃的就随便叫个外卖汉堡，凑合一顿。也不会出现因为没有吃晚餐，在晚上十来点还端着一碗方便面站在厨房水槽前的状况。

在优雅女人的厨房里，常常整齐地摆放着各式各样的食材和配料。而且她们总是有许多拿手菜，也总是变着花样做给大家享用。每一天，优雅女人享用的食物都是真材实料，绝对没有人造奶油和过量的添加剂，她们的三餐永远吃得健康而优雅。

社交礼仪篇

重要的第一印象
女性自信是参与社交的第一步

Part 6

微笑，优雅女人从来不会吝啬

女人，身上的衣着永远不及脸上的表情来得重要。

——戴尔·卡耐基

有人说，一个微笑价值百万。换句话说，一个人之所以能够取得成功，与其具备的性格、表现出来的个人魅力以及他使别人心悦诚服的才能密不可分。而在令人信服的个性中，最可爱的一面当属他能打动所有人的那一抹微笑。

微笑就是你的最佳名片

笑容是一种能令人感觉愉快的面部表情，不仅可以缩短人与人之间的心理距离，而且可以为深入沟通与交往创造温馨和谐的氛围。微笑有一种魅力，可以使强硬者变得温柔，使困难变容易。面对不同的场合、不同的情况，如果能用微笑

> **今天，你微笑了吗**
>
> 美国希尔顿酒店董事长康纳·希尔顿在五十多年的经营里，不断地到他设在世界各地的希尔顿酒店视察，每一次视察，他都会问下属这样一句话："你今天对客人微笑了没有？"这个问题，我们在中国所有的企业家，特别是对外服务行业的员工，都应当重视。

来接纳对方，更能看出一个人待人的真诚。

春去秋来，寒来暑往，在岁月的年轮中，任何女人都躲不过脸上或深或浅的蛛丝马迹，但是即便你感叹时间的流逝、容颜的老去，你的笑容依然不会变。因为微笑是免费的，是上天给予我们最好的礼物。

微笑不仅能提升你的魅力，也能向周围人传递你的自信。观看环球小姐的赛事，我们都有过这样的感触，姑娘们的笑容是否漂亮，无不是评委评价她们的一个重要标准。在这样的笑容背后，多了几分甜美与真实，更多了几分自信与果敢，这样的女子又怎么不会得到评委的认可呢？

亲爱的姑娘们，请对自己微笑吧，即使这种表情一开始是刻意为之的，但是当你对着镜子练习微笑的时候，你会情不自禁地从内心里驱走所有的心烦意乱，这就是微笑的魅力所在，这更是你的魅力所在。

> 真正的微笑应发自内心，笑容中渗透着自己的情感，表里如一，毫无包装矫饰的微笑才具有感染力，才能被视作"社交的通行证"。

微笑其实很简单

其实，微笑也可以很容易掌握，最简单的办法就是通过调整上下嘴唇的位置来达到最佳的效果：当你微笑的时候，上嘴唇的位置很关键，最理想的位置是覆盖掉不超过四分之一的上排牙齿，而下嘴唇则可以刚好碰到你的上牙，当然，也可以微微留出一条缝隙。虽然这样的细节能够提升你微笑的质量，但你也不必墨守成规来遵守，要知道，最重要的还是在于"笑"这个动作本身给人的感染力。

当微笑成为一种习惯

要知道，面部表情僵硬的女性往往会让人产生疏远感，在人际交往中也是愚蠢的做法。而聪明女性不仅懂得微笑，同时还养成了微笑的习惯，因为微笑是女性社交的秘密武器，能帮助你取得极佳的社交效果。当微笑成为习惯，一切就会迎刃而解，不仅会让自己获得更多的关注和赞许，同时还能带动周围朋友的情绪，使快乐和谐的气氛围绕在整个交往中，陌生的朋友也会忍不住打听你的芳名。

妙不可言的目光交流

女人的美丽必定是从她的眼睛中流露出来的，因为那是通往她心灵深处的入口，那是爱居住的地方。

——奥黛丽·赫本

在我们和陌生人交谈时，有的人会带给我们舒服愉悦的感觉，有的人则会令我们感到别扭，甚至还有一些人会让我们觉得不可信赖，不想再交谈下去。这些感觉的产生都是从眼神开始的，只有当两个人彼此眼神相交时，才算是真正开始沟通和交流。

你的眼神会说话吗

目光交流处于人际交往的重要位置。人们相互间的信息交流，总是以目光交流为起点。可以说，目光交流发挥着信息传递的重要作用。

目光属于表情范围，而在各种表情中，眼、眉、嘴等形态变化更是格外引人注目。如果说眼睛是心灵的窗户，那么目光就是心灵的语言，所以，与人沟通时，不论是陌生的还是熟悉的，不论是偶然相遇还是如期约会，目光的交流总是在先。

由于目光受情感制约，所以只有把握好自己的内心情感，目光才能充分发挥作用。但凡炯炯有神的目光，总是给人以感情充沛的感觉；而呆滞麻木的目光，则给人以疲惫厌倦的印象；凶相毕露的目光，更是让交往难以持续。

在中国，很多女性和别人谈话时不好意思望着对方的眼睛，这可能与中国人性格含蓄内敛有关，也可能是出于害羞。不过，在与外国人（特别是欧美人）谈话时，你必须看着对方的眼睛，否则别人会认为你是不礼貌和不真诚的。

怎样的目光礼仪才是亲切自然的

1. 注视他人时，应以对方面部中心为圆心，以肩部为半径，这个视线范围就是目光交流的范围。
2. 与人交谈时，应微笑着看入对方的眼中，保持6~7秒，然后微笑着移开眼神。时间不要太长，也不要草草了事。研究发现，人们通常会认为那些微笑着注视自己的人更有魅力。
3. 随着话题、内容的变换，目光应做出及时恰当的反映，或喜，或惊，用目光会意，使整个交谈融洽和有趣。
4. 交谈结束时，目光抬起，表示结束；道别时，目光表现出惜别。

当然，这里的注视绝不是把瞳孔的焦距收束，紧紧盯住对方的眼睛，这会让对方感到尴尬；也不是不停地眨眼和移动目光，或是眼神飘忽、目光呆滞。当然，更不要戴着墨镜或变色镜与人交谈，这样非但对方看不到你的眼睛，无法进行目光交流，而且还容易给人留下居高临下的印象，很容易与对方产生隔阂，引发不悦。你只要自然地注视对方，尽可能做到亲切自然就可以了。

不要刻意躲避对方的视线

目光交流中，这种"看与被看"的关系非常微妙。一般来说，在双方对视时，势力较弱小的一方往往会先将目光垂下，而让比自己强的对方来观察自己，

你为什么总是失掉控制权

在双方见面时，你如果因为胆怯而低下头，那就等于将支配权让给了对方。这可能会让对方轻易地获得控制权，也可能让对方无所适从，不知道你的想法。

发现自己的弱点,这样一来,逃避目光者也就陷入了一种不利的地位。事实上,他们之所以会因被看而感到不自在,正是因为他们对自己的劣势感到不安。

　　为此,要建立彼此对等的关系,绝对不能回避对方的目光,只顾忙着手里的事或者东张西望。从另一个方面,这也意味着,如果你想表现得更强硬,你也可以直视对方的眼睛。但是,交谈时也不能一直盯着对方的眼睛,那会让人产生压力,你心里也肯定不舒服。

握手的学问

> 礼貌周全不花钱,却比什么都值钱。
>
> ——塞万提斯

握手是一种常用的"见面礼",是世界上通行的一种见面礼节。学会文雅地握手,是一种有魅力的姿态。握手还具有"和解"、"友好"等重要的象征意义。尼克松总统回忆他首次访华在机场与周总理见面时,说过一句话:"我走完梯级(从飞机舷梯走下来)时,决心伸出我的手,一边向他走去。当我们的手握在一起时,一个时代结束了,另一个时代开始了。"

看似简单的握手承载着丰富的交际信息。比如与同盟者握手,表示期待;与对立者握手,表示和解;与成功者握手,表示祝贺;与失败者握手,表示理解;与欢送者握手,又表示告别。

怎样握手才优雅得体

1. 标准的握手姿势应该是平等式,即大大方方地伸出右手,用手掌和手指用一点力握住对方的手掌。请注意:这个方法,男女通用!在中国,很多人以为与女人握手只是握她的手指,许

> 接待来访客人时,主人有向客人先伸手的义务,以示欢迎;送别客人时,主人也应主动握手表示欢迎再次光临。

多女人也以为她只需伸出自己的手指,其实,这么做都是错误的!

如果是双手握手,应等双方右手握住后,再将左手搭在对方的右手上,这也是经常用的握手礼节,以表示更加亲切,更加尊重对方。

2. 在正式的社交场合,人们应该站着握手。如果你是坐着的,有人走来和你握手,你必须站起来。如果情况特殊,你不能站起来,一定要说:"对不起,我不能站起来。"

3. 握手时应注意伸手的次序。在和女士握手时,男士要等女士先伸手之后再握,若女士不伸手,或无握手之意,男士则点头致意即可,而不可主动去握住女士的手;在和长辈握手时,年轻者一般要等年长者先伸出手再握;在和上级握手时,下级要等上级先伸出手再趋前握手。

4. 两个人握手时,力度要适当,过重过轻都不宜,尤其是握女人的手,更不能太重。因为有时候,她们很可能戴着戒指,如果你的握力太重,或是握得太紧,都会使她们感到不舒服。

5. 在任何情况下,拒绝对方主动要求握手的举动都是无礼的,但手上有水或不干净时,应谢绝握手,同时必须解释并致歉。

6. 如果戴着手套,握手前要先脱下手套。如果实在来不及脱掉,应向对方说明原因并表示歉意。不过,在隆重的晚会上,如果女士是穿着晚礼服,并且戴着通花的长手套,则可不必脱下。

握手的时间,你了解吗

握手时间,以1~3秒为宜。不过,过紧地握手,或是只用手指部分漫不经心地接触对方的手都是不礼貌的。

如果是一般关系、一般场合,双方握手时稍用力握一下即可放开;如果关系亲密、场合隆重,双方的手握住后应上下微摇几下,以体现出热情。

优雅的基础，擅于自我表达

在造就一个有修养的人的教育中，有一种训练必不可少，那就是优美、高雅的谈吐。

——伊力特

这里的谈吐礼仪不仅指言谈的内容，还包括言谈的方式、姿态、表情、速度、声调等。优雅女人的谈吐是学问、修养、聪明、才智的流露，是气质的来源之一。与人交谈，既有思想的交流，又有感情上的沟通，语言的贫乏、枯燥无味、粗俗浅薄都会使人感到厌恶。

谈吐时的礼仪要点

1. 嗓音。与人说话时，除了要有亲切的语气、得体的言辞、落落大方的态度外，还要有动听的声音。即使你的谈话内容很平淡，但女性优美动人的嗓音，对听者来说也是一种享受。

2. 表情。唯有诚挚专一的表情和真诚的态度才能获得人们的信任，加深了解，增进彼此的友情。当你与人交往时，目光坦然、亲切、有神，还能把自己的想法和感受通过点头、微笑、手势、神情、体态等方式做出积极的反应，这才是女性应有的交际形象。

3. 面带笑容。女性面带笑容与人说话时，会使对方感到你十分乐意与之交往,这样会使对方感到轻松,增进说话的融洽气氛。当然,笑也要掌握分寸,如果不区别时间、地点与对象,就很容易失礼。

4. 要有节制。在社交场合中,如果女性说话过多,又不能达意抒情,则可能让别人认为你缺乏自制力、虚伪、令人生厌。如果女性能适当地使用优雅的语言来表达思想,就会展现自己的独特个性,吸引他人的目光。另外,女性的沉默有时也是一种交际语言,会收到意想不到的效果。

学会使用敬语、谦语和雅语

语言具有多变性,面对不同的时间、场合和对象,要表达不同的信息和情感时,需要不同的表达方式、不同的沟通语言来体现丰富多彩的内心世界。谈吐优雅的关键在于尊重对方和自我谦让,要做到礼貌谈吐,就必须灵活使用敬语、谦语和雅语。

> 作为交谈的双方,都应该是平等的。至于内容,要尽量选择大家共同感兴趣的话题,不过,涉及宗教信仰、人品、婚姻状况等话题还是不谈为好,打听这些多少显得有些不礼貌和缺乏教养。

1. 使用敬语

敬语又被称为"敬辞",使用敬语可表示对人的尊敬与礼貌,也能反映一个人的文化修养。比如,我们经常听到的"请"、"您"、"贵姓"、"贵方"、"您好"、"久仰"、"请教"、"包涵"、"拜托"、"高见"等,这些都是敬语。

2. 使用谦语

谦语又称为"谦辞",是向人表示谦恭和自谦的一类词语,多用于自己及自己的家人。比如,称自己"愚",称自己的家人为"家父"、"家母"、"家兄"、"家嫂"等。自谦是文明用语当中不可或缺的一部分,你越能表现出谦虚和恳切,就越会得到人们的尊重。

3. 使用雅语

雅语是指一些比较文雅的词语,常常在一些正规的场合以及有长辈和女性在场的情况下使用,被用来替代那些比较随便,甚至粗俗的话语。

比如，在待人接物中，要是你正在招待客人，在端茶时，你应该说："请用茶。"如果你先于别人结束用餐，你应该向其他人打招呼说："请大家慢用。"多使用雅语，能体现出一个人的文化素养以及尊重他人的个人素质。

声音：女人的另一副容颜

声音能引起心灵的共鸣。

——威·柯珀

声音和人类有着紧密的联系，慷慨激昂的演讲，声情并茂的朗读，甚至是如泣如诉的哀求都会给人留下深刻的印象。对女人来说，声音好比她的第二张面孔。如果一个女子外表举止很美，说话声音却差强人意，那么她给人的印象不免要打一些折扣。在女性诸多魅力之中，声音的魅力相对来说是最容易修炼和保持的。

认清自己的声音

在开始修炼之前，首先要认清自己的声音，尽管很多人认为这么做有一定的难度，但是你可以用录音的方式，把自己说的话录下来，然后进行检查：

1. 你说得太快吗？如果是，你可能会给人一种神经质的印象。

声音的魅力

据说，所有美国总统都曾经受过声音训练，查尔斯王子之所以有如此低沉浑厚的声音，就是因为经过长久的磨炼。在时尚界，有一位传奇人物，她就是语言专家多萝西·萨诺芙，许多政治家都向她请教过说话声音的技巧。

2. 你说得太慢吗？如果是，可能会给人一种你对自己所讲缺乏把握的印象。

3. 你是否含糊其辞，支支吾吾？这是一种缺乏安全感的明确标志。

4. 你是否带着牢骚抱怨的语调说话？这是一种自我放任和不成熟的标志。

5. 你的声音尖利而刺耳吗？这是神经质的又一种标志。

6. 你用一种傲慢专横的方式说话吗？这意味着你是固执己见的。

7. 你显得做作吗？这是一种害羞的标志。

声音是由音色、音调、响度构成，有魅力的声音将显示出你独特的个性，抑扬顿挫、轻重缓急恰到好处听起来如珠落玉盘，并带有感情色彩及冷暖温度，让人听后有余音绕梁之感。

优雅的声音也需要练习

在职场上，音质甜美、清晰、语调抑扬顿挫的声音，可以折射出独特的性格魅力，并且能大大提高交流的效果。特别是第一次通过电话交谈，善于倾听的人更能从最初几分钟内"阅读"到对方声音中的许多内容。

> 一个人的语音、语调以及声调变化占通话可信度的84%。因此，建立起对方喜欢的音质，最好是易于分辨的独特音质，是走向成功的"秘密武器"。

如果你经常参加一些会议，或是谈话场合，在你需要演讲，需要与客户沟通的时候，对于声音的把握就更为重要了。

另外，当你参加一些会议，或是需要与客户沟通的时候，为了引起对方对你的关注，千万不要把声音提得高高的，尖尖的，又带着点软软的感觉，也许在你看来，这种抑扬顿挫的夸张既有魅力，又能达到效果，其实反而让人觉得这是一种做作。

不妨留意一下电视里的主持人和播音员，你会发现他们运用的声音其实都是很低沉的，而且很有力度，是从腹腔里发出的声音，自然而绝不做作。因此，在这些场合下，声音一定要有力，而不在于"高"。

打招呼——最基本的社交礼仪

> 仅有丽质而无优雅的神态,有如鱼钩上未放钓饵。
>
> ——拉尔夫·沃尔多·爱默生

打招呼是联络感情的手段,沟通心灵的方式和增进友谊的纽带,主动打招呼所传递的信息是:"我眼里有你。"试想一下,谁不喜欢自己被别人尊重和注意呢?

打招呼绝对不能轻视

很多人不重视打招呼,觉得天天见面的同事用不着每次都打招呼;而对于不太熟悉的人,又觉得打招呼怕对方认不出自己会造成尴尬;还有些人不愿意先向别人打招呼,他们老是心想:"我为什么要先向他打招呼?"其实,我们完全可以通过打招呼让自己更有人缘,更有魅力。

如果你主动和单位的人打招呼持续一个月,你在单位的人气很可能会迅速上升。要知道,主动向别人打招呼,不仅让别人心情畅快,更重要的是可以为你创造一个良好的工作环境。在一个领导赏识、同事认可的环境里工作,你自然会有很好的发展。永远记住,你眼里有别人,别人才会心中有你。

灵活选择打招呼的方式

打招呼的方式是多种多样的,可以是微笑、点头、握手、招手、拥抱等,当然,这要根据亲疏程度和地域文化的不同而选择不同的方式。

1. 在职场中，跟别人打招呼的方式要根据当时的具体情况来决定。如果正在行走过程中，在跟别人打招呼时，要停下脚步或者放慢行走速度；如果你坐在座位上，跟同事打招呼时，可以微笑着点点头或者欠欠身；如果在室外跟同事相距一定距离而相遇，要微笑着向对方招手，或者高声说一声"你好"；如果遇到同事向你打招呼或是目光相遇，应适时地点头、微笑，甚至回应，绝不可视而不见。

2. 无论以哪种方式打招呼，都应该面带微笑，当然也包括握手的时候。事实上，微笑本身就是打招呼的一种方式。因此，不论什么时候，打招呼时，都要面带微笑，眼睛看着对方，这样才会给人真诚的感觉，让人感觉你不是敷衍了事。

3. 在一些特殊场合，比如很多人的集会或者不便深入接触的时候，可以用招手的方式打招呼；在某些正式场合，要依据文化习俗，可能还需要拥抱。

4. 对于中国人而言，还有一些有中国特色的打招呼语言，例如两个中国人见面经常会问："你吃了吗？"其实这个问候语的意思并不是非要问对方"吃了没，或是吃的是什么"，而是表示"我看见你了，跟你打招呼呢"。对方简单地做一下回应即可。不过，在问候外国人时，不应当用这种打招呼的语言，否则对方可能会不明所以。

5. 对于好久不见的同事或朋友，彼此见面时，我们应当说："好久不见，最近忙吗？"如果对方说："挺忙的。"你要注意接下来的回应，如果是关系比较好的同事，你可以进一步问："在忙什么？"如果是关系一般的同事，你就不应该追问对方具体忙什么，而应该礼貌地说"那你要注意身体"之类关心和问候的话。

拥抱和亲吻也有定式

> 礼貌使有礼貌的人喜悦,也使那些受人以礼貌相待的人们喜悦。
>
> ——孟德斯鸠

拥抱和亲吻都是表示友好的动作,现如今,好多人在很正式的场合上也会使用拥抱和亲吻来表示友好与尊重,那么我们要怎样掌握商务礼仪中使用拥抱和亲吻的正确方法呢?

拥抱礼

拥抱礼流行于一些欧美国家,多用于官方会见场合,同时也是熟人、朋友之间表达亲密感情的一种礼节。在俄罗斯,男性好友见面时,会先有力地紧紧握手,接着就是紧紧拥抱,这种礼仪被人们称为俄罗斯式的"熊抱"。在拉丁美洲、意大利,拥抱还被叫作"abrasion",意思是搂抱,通常同时还在肩背上热情地拍两下。

> 心理研究表明,人类之间最好的身体接触方式就是拥抱,因为它很简单又明确地表达着人与人之间最真的关爱。那些经常被拥抱和身体接触的人,其心理素质要比缺乏这些的人健康得多。

拥抱礼作为流行于欧美的一种礼节,通常与接吻礼同时进行。然而,对于大多数东方人而言,这种有力的拥抱往往会让他们有一点尴尬和不舒服,所以我们在使用拥抱礼的时候,事先一定要清楚当地的习俗,尤其是异性之间,不合时宜的拥抱礼甚至可能被认为是轻浮的表现。下面是行拥抱礼时常犯的错误,要格外注意:

1. 抱住对方的腰部。这是恋人之间的动作,而非商务礼仪;
2. 手搭在肩上也是不合礼仪的;
3. 切记"贴右颊"的规定,否则可能有碰头的风险;
4. 行拥抱礼时离得太远容易翘臀;
5. 抬起小腿也是不合礼仪的。

亲吻礼

亲吻礼,也是现今社会一种常见礼节。行此礼时,往往与一定程度的拥抱相结合,即双方见面时既拥抱,又亲吻。如今人们常用亲吻礼来表达爱情、友情、尊敬或爱护。

法国人的亲吻当仁不让地位居欧洲之冠。在法国,人们似乎每时每刻都在亲吻。当男士与女士见面时,一定要左右亲吻一次,这是见面时的礼貌。而在离开时,也要左右再亲吻一次,代表再见。在正式的社交场合,双方在行拥抱礼时,脸颊一贴,然后换另一面颊再贴一贴,长辈对晚辈,男与女之间也通行此礼。

> 亲吻礼并不是在所有国家都受到欢迎,因而要入乡随俗,依俗而行。当你不很肯定是否采用时,最好遵循主人的习惯。

不同身份的人,相互亲吻的部位也有所不同。一般而言,夫妻、恋人或情人之间,宜吻唇;长辈与晚辈之间,宜吻脸或额;平辈之间,宜贴面。在公开场合,男女之间可贴面,晚辈对尊长可吻额,男子对尊贵的女子可吻其手指或手背。在非洲某些部族的居民,常以亲吻酋长的脚或酋长走过的地方为荣。在当代,许多国家的迎宾场合,宾主往往以握手、拥抱、左右吻面或贴面的联动性礼节,以示敬意。

美好体态:出类拔萃的小秘密

优雅之于体态,犹如判断力之于智慧。

——弗朗索瓦·德·拉罗什富科

每一个人的举止、动作、表情均与其教养、风度有关。在社交场合中,拥有优雅的体态不仅是一个女人有教养、充满自信的表现,更能给他人留下深刻、美好的第一印象,赢得别人的好感。

得体的站姿

仪态与自信是你在人群中脱颖而出的关键,正确的站姿不仅让你倍感自信,更能赢得他人的尊重。对于优雅女士而言,站立时,要把肩膀向后靠,收回腹部。同时,让脖子与背部保持一条直线,而不是脖子、脑袋向前倾。两手自然下垂或在腹前交叉,给人一种秀雅优美、端庄大方的感觉。

这些错误站姿,你有吗?

1. 驼背站立。很多女性认为这样比较舒服,其实是缺乏自信心的表现,不想引人注目。事实上,当你驼背时,人们的关注焦点会是你的不自信与自卑感,而忽略了你的美丽。然而,抬头、挺胸、收腹能帮助你从内到外展现一个人的自信与风采。

2. 腹部外凸。你会发现,当提醒他人不要驼背时,被提醒的人往往会不由自主地把胸部与腹部同时凸出来,还误以为这样就是抬头挺胸。正确的姿势是在双肩向后靠的同时也把腹部收起来。这样才能在不经意间流露出你的自信，同时这也是练就腹肌的好方法。

3. 双臂交叉抱于胸前、双手背在身后、两手插入口袋、身体依靠在桌椅或墙壁等动作，这些动作往往代表着消极的语言信息。例如，双臂交叉抱于胸前表示权威和戒备；而一个人在双手插入口袋时说的话更有可能是谎言。

塑造你的优雅坐姿

一个人的精神状态如何，完全可以通过他的坐姿看出来。正确的坐姿可以给人端庄稳重的感觉。当别人请你坐下时，你应当走到座位前，转身后轻轻地坐下。对于女士而言，如果身着裙装，在坐下前就要先将裙摆捋一下，以免将裙子坐皱。

> 即便是非常舒服的沙发或靠椅，也不应该将后背靠在椅背上，这样会显得你过于放松、没有礼貌，也会给对方留下傲慢的印象。

当你坐下时，应当坐满椅子的前2/3，而不是一屁股坐满整张椅子。坐着的时候，上身正直而稍向前倾，双膝自然并拢，两手交叠放在自己腿上。

在和别人交谈时，怎样的坐姿才优雅？

1. 在交谈过程中，我们应该将身体微微前倾，双膝自然并拢，双腿正放或者侧放。特别是在倾听别人说话时，这样的动作会让对方觉得你正在认真倾听，而且也显示出你是一个易于接近的人。

2. 一般情况下，不要跷二郎腿，这是不礼貌的表现；也不要抖动腿部，这会让人感觉你非常紧张或者心烦意乱，不稳重。

走姿也有规矩

无论在社交场合还是日常生活中，走路都是我们最常见的肢体动作，它体现的是人类的动态美，也最能体现女人的优雅和魅力。

优雅女性的正确走姿应该是抬头，挺胸，收紧腹部，肩膀往后垂，双手自然轻松地放在体侧，跟随身体轻快的步伐，做轻轻地摆动。

如果你觉得自己的走姿不够优雅，不妨采用模特的初步训练法，在自己的头顶放一本书，然后挺直后背，双臂小幅摆动，步履均匀地往前走，等你训练到顶着一本书能身姿正确地在屋里自由地走来走去时，你的走姿就算过关了。

不仅如此，经常保持这样的走姿，你的身体线条也会漂亮许多，走起路来，视觉效果也会好许多，人也越来越有信心了。

得体的职场礼仪

办公室女王的气质修行

Part 7

做个受欢迎的工作伙伴

> 以希望别人怎样待我之心去对待别人。
>
> ——戴尔·卡耐基

在现代文明社会,职位有高低,职业却没有高低之分,只要它是合法的,是通过正当劳动工作和赚钱的,都是值得被尊重的,所以不要用职业定社会地位。

在当今职场,人们并不是孤立地生活,而是生活在一个和他人共同工作的世界里,所以首先要做一个受欢迎的工作伙伴是非常重要的。

你不可不知的15条办公室原则:

1. 不搬弄是非,不要总是在别人身上找缺点。

2. 不在公共场合有意或无意地贬低他人。也许你认为这样做能表现出自己的聪明和诙谐,但是别人的评价恰恰相反。

3. 做任何事情都要有信用,哪怕是很小的事情。

4. 写封私人信函表达你对一顿晚餐、礼物或别人给予的帮助的感谢,及时写信祝贺他人的成功。

5. 及时答复所有的邀请函。约会要准时,如不能赴约,要事先告知。

6. 及时归还你借别人的东西,并在恰当时机,向对方表示口头或书面的感谢。

7. 当你的同事被领导误解而受冤时，要积极主动地维护他。

8. 适当的场合穿适当的衣服，你的公司或老板会因为你的出席和适宜的穿着代表了公司的形象而感到骄傲。

9. 不要夸耀你的过去或现在，以及诸如此类的话题。

10. 及时把人们所需要的信息告诉他们，不要等事情到了最后一步才说。也不要把这些信息视为你的私人财产而坐看他人遭受损失。

11. 在不打扰其他同事工作的前提下，最小范围地提及你的爱人和孩子，这样有助于你和同事间的沟通。

12. 介绍朋友互相认识，使每个人都觉得自己是受重视的，这样会使他们自我感觉良好。

13. 永远提及集体与你一起的努力，并且不忘向做了大量基层工作的同事表示感谢。

14. 无论在办公室还是家里，都要培养良好的电话礼仪。

15. 热情地参与公司的活动，与同事们聊天，不要站在角落里一言不发。

总之，一旦你能了解这些，你不仅能成为在家庭中、工作中受欢迎的人，而且无论走到哪里，都能受到人们的普遍欢迎，成为一个有魅力的人。

当你有了下属,更好地相处才是最重要的

位居我们之上的人们,只要露出一丝拒绝或冷淡的神色,就会招致我们的仇恨;但只需一声问候或一个微笑,又会立刻融化我们心头的冰霜。

——拉布吕耶尔

理解你的雇员

就像硬币有两面,人际关系也如此。一旦你成为管理一些人的上级时,切不可武断。虽说以和蔼可亲的方式与下级相处有时确实有些不容易,但是懂得理解你的雇员,就可减少他们的抵触情绪,改善人际关系。如果你能使你的团队中的每个人为你勇挑重担,你就领悟了管理的精髓所在。

一个好的管理者还应保持未做管理者时的不太自我的状态,为人处世要时刻做到不主观,不听片面的话。

还有一些其他的技巧,比如你实在忍不住想要对某人发火,此时拖延的艺术是很奏效的。一般说来,成年人都会尽量做好工作,所以,你大可不必像一只母鸡一样,分秒不停地在旁边咯咯直叫。在雇员向你寻求建议时,也不必像俘虏了一个忠实听众般地啰唆。

作为老板,你要做的仅仅是启发某人寻找解决问题的方式,以帮助他们自己找到捷径。当你给予建议时,也要避免一直不停地向雇员解释具体细节,其实这

也是不太相信雇员的一种表现，要充分发挥雇员的潜在积极性。

给予批评

作为老板，你的作用之一就是对你的雇员所做的工作做出评价。要记住，人们只有对自己认为擅长的事情，才能表现得很出色，才会发挥潜力。所以，如果确实需要批评，一定要缩小你的权威性，让雇员明了你谈及的只是他们的工作，表达方式要尽量做到委婉。

> 为了打消雇员心中对批评产生的负面影响，你可以用阐明雇员所取得的成绩作为结束谈话之点，让他们心中留有一抹亮色。

这里建议你不妨从你的办公桌后站起来，搬张椅子，坐在雇员身旁，或他的办公桌对面，要让他先开口。你可以这么问："你认为事情该怎样进行？你是否有些特殊的问题？"然后选出其中几个问题集中讨论，其余的留到下次再谈。

当然，在此过程中，你一定要仔细倾听雇员的抱怨，不要表现出不耐烦。你只有付出时间，让对方把话讲完，才能开始你手头真正的工作：批评。为此，你可以先概括雇员所做的成绩，探讨当前要做的事，以及将要取得的工作目标，用这些把批评"包裹"起来。需要强调的是要简明扼要，语气委婉些。

接受批评

在职场中，总不可避免地听到人们对你工作的议论。有议论，就不可避免地会有批评，诚然没有人喜欢听批评，但每个人又都需要协助，如此才能将工作做好。而如何应对批评，往往取决于每个人的个性，还有你的人际关系。

当批评谈话临近结束时，请告诉你的老板，你对他的坦诚和建议表示由衷的感谢，谢谢他给予你一个公正的评价。事实上，你也确实得到了一份公正的报告。但是绝不可用笑来摆脱批评，一定要严肃对待。你可以借此机会询问如何将你弄糟的情况变好的事例，请教你的老板如何使你纠正错误的好主意。

遗憾的是，如果你一直被不公正地批评着，那么就是到了你该寻找新工作的时候。你可能需要降一级的工作或一个更好的上司。这时，你要么优雅地接受不公正的批评，要么换份工作或部门。

与异性同事相处也是一种能力

美好的东西时常是由于它是真诚的。

——罗曼·罗兰

在办公室中,男女同事之间的相处,如果处理不当,不仅会给本人带来麻烦,而且还会对公司造成不好的影响。所以,掌握一些办公室异性相处的礼仪及原则是十分必要的。

语言礼仪

男性和女性在办公室均要注意交谈的分寸。在私下里,男性常会冒出一些粗话,但不允许在办公室中发生,尤其是有女同事在场之时,避免她们误认为这是对她们的侵犯。男性在恭维女性时,也要避免挑逗性,以免给对方产生有性这一方面的错觉。

衣着礼仪

办公室不是约会场所,也不是居家环境,更不是显示你异性魅力的地方。尤其是女性更要注意自己的穿着,千万不能张扬自己的性感,如穿着超短裙和太露的衣服。

动作礼仪

作为女性,不能做一些挑逗性动作,尤其是体姿语。比如,在男性面前梳玩头发,触摸男性的衣服,用头发垂打男人的面颊等。尽管你是无意的,但其结果却是给对方发出了性的信号,引发不必要的误会。

交际礼仪

在办公室里,要把握好自己和异性同事交往的分寸。如果你们是要好的同事当然可以多些交流,但最好不要把自己的私生活带入办公室。尤其是在婚姻上的不如意,更不宜对异性同事过多倾诉,否则会被对方认为你有移情的想法。如果同事把你当成忠实的听众,你不妨向对方多谈谈自己婚姻生活中美好的一面,使对方尽早避免对你情感上的投入。

> 工作中,最重要的事情是工作做得好坏,因此一定要把工作放在第一位。不要过分重视性别因素,最好是能够消除性别观念,工作中不分男女,一视同仁,端正自己的心态。

其实,同事与同事之间的关系是一种很微妙的化学反应,也许一件小事就能让你和对方的关系很好,也可能很坏,关键是在于这个度。

办公室里的话题

> 说话周到比雄辩好,
> 措辞适当比恭维好。
> ——弗朗西斯·培根

办公室是一个充满原则、纪律、讲求策略的场合,更是一个充满利益冲突的是非之地。既然如此,那么,办公室里谈个人私事是否妥当呢?

一份来自专业招聘网站的调查结果显示,尽管九成以上的人认为"办公室里隐私不宜说",但是他们又同时承认有在办公室里谈论过涉及个人感情、家庭关系、同事喜恶和上下级关系等隐私性内容的行为。

隐私本身就是一个相对的概念,事实上,在工作环境下,绝对只谈论公事也是一件不可能的事,同一件事情在一个环境中是无伤大雅的小事,换一个环境则可能非常敏感,所以当你向同事"吐露心声"之前,请预想一下自己的言论是否会为自己赢得同情或带来危害,从而保护自己立于安全地带。最重要的是,把握好同事之间和平、互助的尺度,以宽容、平和的心态对待别人的隐私,为自己减少惹来不必要烦恼的可能。

在办公室里,哪些话题是禁忌

1. 不要谈论自己或同事的薪水收入

同一屋檐下,你总会碰上喜欢打听薪水的同事,如果遇到这种情况,最好早做打算，当对方把话题引上工资时，你要尽早打断，说公司有纪律不谈薪水；如果对方语速很快，没等你拦住就把话都说了，也不要紧，不妨用外交辞令冷处理："对不起，我不想谈这个问题。"有来无回一次，就不会有下次了。

2. 不要聊私人生活问题

办公室里聊天，如果只是为了说起来痛快，不看对象，事后往往会懊悔不迭。尤其千万别聊私人问题，也别议论公司里的是非短长。你以为议论别人没关系，可是用不了几个来回就能绕到你自己头上，引火烧身，那时就显得被动了。职场就是竞技场，每个人都可能成为你的对手，即便是合作很好的搭档，也可能突然变脸，你暴露的越多就越容易被击中。

> 不乱说话不等于不说话，一定要分场合。谈公司里的事情最好在适合、公开的场所，比如部门主管征询意见时，你不说就不妥，或者开讨论会时，该发言就不能闷着，老不说话老板会以为你没主意。

3. 不要讲野心勃勃的话

野心人人都有，但是位子有限。如果一个人公开自己的进取心，就等于公开向公司里的同僚挑战。做人要低姿态一点，这才是自我保护的好方法。在办公室里，打工就安心打工，如果你有雄心壮志，大谈人生理想，显然是滑稽可笑，自讨没趣。能人往往能在做大事上，而不是能在大话上。

4. 不要谈涉及家庭财产之类的话题

无论露富还是哭穷，在办公室里都显得做作，与其讨人嫌，不如知趣一点，不该说的话就不要说。就算你刚刚买了别墅或利用假期去欧洲玩了一趟，也没必要拿到办公室里来炫耀，有些快乐，分享的圈子越小越好。

以下这些私人话题可能会为你争取到友谊，至少不会制造麻烦

1. 消费、健身、美容、旅行之类的个人喜好；
2. 教育、理财或投资；
3. 自己的爱情或夫妻关系，前提是只向个别关系密切、有兴趣倾听的人倾诉。

别在工作餐上出"洋相"

> 对用餐礼仪最大的考验就是要能不触犯别人的感觉。
>
> ——艾米莉·波斯特

现代社会，工作节奏很快，公司员工不可避免地会在办公室中用餐。在办公室中，与同事一起进餐不仅是件方便而且还是件愉快的事，但有些小节需格外注意，以免破坏了你在同事中树立的良好形象。下面是对办公室用餐礼仪进行的归纳：

1. 在办公室吃饭，拖延的时间不要太长。他人可能要即时进入工作，也可能有性急的客人来访，难免会让双方感到不好意思。

2. 吃饭声音不宜过响亮，吃起来咯吱咯吱响的声音对你来说可能感觉更带劲，但对周围同事来说会是一种噪音，难免会引人厌恶。

3. 对于类似开口的饮料罐之类食物，如果长时间摆在桌上总会有损办公室雅观，应尽快扔掉。如果不想马上扔掉或者想等会儿再喝，就要把它藏在不被人注意的地方。

4. 如果你的嘴里含有食物，最好不要贸然讲话。如果他人嘴里含有食物，最好等对方咽完再对其讲话。大家围坐一堂，难免有人讲笑话，因此为了防止出现大笑喷饭的情形，每口所含食物不宜太多。

5. 有强烈味道的食品，尽量不要带到办公室。即使你喜欢，也会有人不习惯的。而且这种食物的气味会弥散在办公室里，还是很损害办公环境和公司形象的。

6. 食物掉在地上，要马上捡起扔掉。餐后将桌面和地板打扫一下，是必须做的事情。

> 在办公室里不宜享用容易溅汤汁的食物。这种食物可能在营养上更出类拔萃，但万一食物的汤汁溅到同事身上，对你和同事之间的关系处理可能不是那么有利。

7. 常备餐巾纸。就餐后可千万别用手擦抹嘴上的油污，这对你的形象可是很打折扣的，应该养成随时用餐巾纸擦拭的习惯。

8. 注意就餐后的个人卫生。既然选择了在办公区就餐，那你就有责任把餐后残渣清理干净。尤其是一些罐罐瓶瓶，即使没喝完也不要随便丢放在办公桌上，这样不仅会有损办公室美观，更能反映你在生活中的不严谨。

9. 及时将餐具洗干净，用完餐把一次性餐具立刻扔掉，不要长时间摆在桌子或茶几上。如果有突发事情耽搁了，也记得礼貌地请同事代劳。

开门与关门：细节体现优雅

> 在美的方面，相貌的美，高于色泽的美，而秀雅合适的动作之美，又高于相貌之美。
>
> ——弗朗西斯·培根

一个小小的不文雅动作，很可能会让你长久以来建立的淑女形象消失殆尽。所以，要想成为一个举止得体的优雅女人，就不要小看这个每天都不知要重复多少次的动作。

敲门

在办公室区域，入室敲门，获准方入，为的是尊重他人的领地。反之，不敲门就直接闯入，不但无礼而且非法。下面这些细节就不可不知：

----- 如果门开着，还要不要敲 -----

仍然要敲门。如果遇到门是虚掩着的，也应当先敲门，得到主人的允许才能进入。

敲门可视作通报，门关不关不要紧，要紧的是入室须经主人同意。若不敲门，若不获准，如何知道主人方不方便，合不合适。

1. 敲门，最优雅的做法是敲三下，隔一小会儿，再敲几下。如果有门铃，可轻轻按一下，如果没有反应，再重复一次。但不要长时间地按门铃。

2. 敲门的响度要适中，敲得太轻，别人听不见；敲得太响，不仅有失礼貌，还会引起别人的反感。

3. 进入别人的办公室也应该先敲门，表示一种询问"我可以进来吗"，或者表示一种通知"我要进来了"。

4. 敲门时绝对不要"嘭嘭嘭"乱敲一气，更不能用拳捶、不能用脚踢。

5. 如果对方正在开会，或者对方不在办公室，或者对方正与人交谈，你都不应进入，可在门外等候，过一会儿再进去。如果等候时间过长，可留下名片或便条，另行约定。必要时，还可事先电话约定。

开门

一般情况下，无论是进出办公大楼，还是办公室的房门，都应用手轻推、轻拉，态度谦和、讲究顺序。

1. 进出房门时，开关门的声音一定要轻，"乒乒乓乓"地关开门是十分失礼的。

如果与尊长、客人一起进入，应视门的具体情况随机应变，这里介绍通常的几种方法：

1. 朝里开的门。如果门是朝里开的，那你应先入内拉住门，侧身再请尊长或客人进入。

2. 朝外开的门。如果门是朝外开的，你应打开门，请尊长、客人先进。

3. 旋转式大门。如果陪同上级或客人走的是旋转式大门，应自己先迅速过去，在另一边等候。

无论进出哪一类门，如果你负责的是接待引领工作，一定要"口"、"手"并用，而且十分到位。同时，要说诸如"您请"、"请走这边"、"请各位小心"等提醒语。不敲门，若不获准，如何知道主人方不方便，合不合适。

2. 进他人房间之前，一定要先敲门，敲门时一般用食指有节奏地敲两三下即可。

3. 如果与同级、同辈者进入，要互相谦让一下。

4. 走在前边的人打开门后要为后面的人拉着门。假如是不用拉的门，最后进来者应主动关门。

关门

办公室礼仪不仅体现在开门上，更体现在关门上，很小的细节却能反映出很大的问题，在职场上关门礼仪更是与我们的工作息息相关。

1. 得到允许后，应握住把手轻轻推门进入，然后转身轻轻把门关上，不能反手带门。

2. 若是离开他人的房间，也要随手关门。关门应该面向门里将门轻轻关上，不能背对着屋里的主人关门。

3. 如果手里拿着东西，或者恰好赶上其他不方便的时候，可以先把东西放下，再开门或关门，也可以请别人为你帮忙，但千万不要用脚，甚至膝盖来帮忙。

举止礼仪,打造属于你自己的标志

> 在个性、举止、风度和一切一切上,最好是朴实。
>
> ——朗费罗

在职场,打造优雅的行为举止可以提高你的职场声誉,帮你打造职场的个人品牌。那么,职场女性如何追求高贵优雅的举止呢?

1. 在办公室里,要注意行为举止庄重、自然、大方。走路时要身体挺直,速度适中,步子稳重,给人以正派、积极、自信的印象。切不能大步流星,慌里慌张,让人感到毛手毛脚、不可信任。

2. 养成守时的习惯。如果参加会议,比预定时间早到五分钟最能体现职场白领的效率原则。

3. 少打五分钟以上的电话。经常因公事打一刻钟以上电话的女性,也暴露了她在概括能力上的不足,令人怀疑她的机智是否足够应付种种变化。

4. 多使用内线电话而少串办公室。如果你要跟其他办公室的同事交代事情或交换看法,打内线电话能节约许多花在寒暄及周旋上的时间,有助于养成职场女性单刀直入的工作作风。当然,也是一种成本低廉的提高效率的办法。

5. 不要在盥洗室的镜子前逗留。"在工作上,一个过分关注自身形象的女人,多半没有什么创意",不错,这是偏见。但你要记住,与偏见作战是世界上最艰难的事，它会浪费你的很多精力。何必与偏见宣战呢？

6. 职业女性坐下时要注意双膝并拢，坐姿要端正优美；不要趴在桌上，让人感到懒洋洋的，更不要把脚翘到桌上，这是很不文明的表现。

7. 上下班要准时，不要把个人的私事带到办公室，不要利用办公设备干私活，例如复印资料、上网下载资料、通私人电话等。此外，带自己的亲友来办公室参观，或让他们来共享写字间的办公用品，也是不合适的。

8. 递交物件时，如递文件等，要把正面、文字对着对方的方向递上去，如果是钢笔，要把笔尖朝向自己，使对方容易接着；如果是剪刀等利器，应把刀尖向着自己。

9. 走通道、走廊时要放轻脚步。无论在自己的公司，还是在访问的公司，在通道和走廊里切勿一边走一边大声说话，更不得唱歌。在通道、走廊里遇到上司或客户，要懂得礼让，不能抢行。

优雅的商务礼仪
演绎无可挑剔的超凡魅力

Part 8

电话礼仪：看不见的教养

> 世界上最廉价，而且能得到最大收益的一项物质，就是礼节。
>
> ——拿破仑·希尔

人在职场，学会打电话，是非常重要的。因为电话是公司的窗口，很多业务的第一次接触都是通过电话。下面就给大家介绍一下职场丽人必须掌握的电话礼仪：

听电话

公司接听电话应该是非常正规的——在礼貌称呼之后，先主动报出公司或部门的名称。如："您好，这里是××公司。请问您找哪位？"

如果是秘书接听，不妨这样说："您好！这里是××办公室，我是她的助理Linda。"如果是在跨国公司的办公室，来电必须在第二声铃响之后迅速接起，

长途电话的礼仪细节

当你给别人打长途电话请求别人的帮助，如果对方正好不在，你应该选一个合适的时间再打过去，最好不要让对方回电。如果打电话拨错了号码，应当礼貌地说一声："对不起，我拨错了号码。"如果接到拨错的电话，应当客气地告诉对方打错了，请他重拨，不要使对方难堪。

如果在铃响超过三声后才接听，就要礼貌地说一句"抱歉，让您久等了"。

当来电话的人说明要找谁之后，通常有三种情况：一是刚好是本人接电话；二是本人在，但不是他接电话，有的需要转接；三是他不在办公室。

第一种情形，这么回答："我就是，请问您是哪位？"

第二种情形，接电话人应说："他就在旁边，请稍等。"或者："请稍等，我帮您转过去。请问您贵姓？"

第三种情形，接电话的人要这么说："对不起，他刚好出去。您需要留话吗？"不要只说一声"不在"，就把电话直接挂掉，如果打电话者需要留话，就清晰地报出姓名、公司、回电号码和留言，表达的时候，一定要言语简洁，节约时间。

> 如果你和某人正在他的办公室里谈话，此时电话突然响了，该怎么办呢
>
> 1. 当对方突然接到一个紧急电话时，你应该问："请问，我是不是该出去一会儿呢？"
> 2. 当你不得不要接电话的时候，应该这么说："对不起，我得接个电话。"需要注意的是，在你通话时，注意背景不要太吵。若是有太闹的电视，请尽量调低一点。

对于打电话的人而言，最好在别人方便的时候打给对方，而不仅只是你方便的时候。谈话开场可以这样说："请问，×先生，我想和您商量一下合同的事情，您看现在说话方便吗？"

至于什么时候结束交谈，一般应当由打电话的一方提出，然后彼此客气地道别，说一声再见。另外，在即将挂电话时，也不可只管自己讲完就索性挂断。在听到对方挂断电话后，自己再挂断电话，是非常尊敬对方的表现。

秘书应有的电话礼仪

秘书就是一个企业的窗口，很多人都是通过这个职务来认识企业的商务形象。作为一名秘书，要懂得基本的商务礼仪，特别是电话礼仪。如果你要招聘秘

书的话，更要认真考核她是否具有良好的电话礼仪。

商务环境中，秘书接听电话时，首先要能区分什么电话需要她本人直接转给老板，什么电话需要她自己来处理，而什么电话又需要转给其他的人。换句话说，作为秘书，一定要多了解公司，清楚什么人负责什么事，以便当老板不在的时候，知道将电话转给其他也有能力解决此类问题的人。这对秘书职业素质的培训至关重要。

同时，作为秘书还必须非常清楚一点：接通电话时，不要让任何人等待的时间超过五秒以上，如果不得不持续时间长一点，那就礼貌地告诉来电的人，你会在几分钟之内回电给他。然后务必要做到。

做好电话留言

当别人给你打电话时，礼貌的做法是当天回电给对方。如果你没接到电话，最好是两天之内回电。如果你实在没办法立即回电，那么，在两天之内，请别人替你回电。

在办公室里，当你接听恰好外出办事的同事的电话时，要替同事做好电话留言，包括来电者的姓名、电话。在家中也是一样。无论是生活中，还是工作中，我们都应当多替他人想。

> 给别人留言时，最重要的是清晰地说出你的姓名，慢慢地讲出你的回电号码和简洁的信息，最好能将电话号码慢慢地重复一遍。

现在很多人都在电话上安装了录音装置，外出时将其打开，就可以把打来的电话留言录下来。在录制自己的话音时，要注意措辞。如果是公司电话，可以这么说："您好，这里是××公司，我们的办公时间是工作日早九点到晚五点。请您听到提示音后留言，谢谢！"如果是住宅电话，直接说："您好，请留言，谢谢！"便可，而不必过多透露个人信息。

当优雅女人收到仪柬时

一个没有名片的人是没有社会地位的人,一个不随身携带名片的人是没有交往意识的人。

——戴尔·卡耐基

在日常交际活动中,礼仪文书占有十分重要的位置,它们统称为"仪柬"。礼仪文书讲究格式与规范,直接影响交际效果,是不容忽视的。在这一部分,我们要讲一下使用仪柬的规则。

名片

名片是最普遍、用量最大的一种"仪柬"。现如今,人们常用两种名片:一种是印有名字、联络电话、传真和地址、职衔的商务名片;另一种则只有名字和通讯方式。

> 名片最好不要太大,这样别人才能很好地收藏在名片夹中。

具体到名片的功能,最常见的有两种:一是用于会见。在普通的交际场合中,当你需要介绍自己时,就可以向对方送上你的名片,这是名片使用频率最高的场合。二是用于求见。如果双方在见面之前,你没有事先打个电话,就在拜访前在自己名片上加上"求见某某人"的字样,并交由门卫人员传送,以示要求。当然,最正确的做法是首先打个电话,以示敬意。

作为名片的使用者,当你向别人介绍自己时,一定要用双手向对方送上你的名片。如果向一大堆陌生人递交名片，不要漫无目的地散发，而要做到有选择、有层次，以便让你的名片最有效地发挥作用。当你收到别人的名片后，也要认真地看一下再收起来，千万不要看都不看就放入口袋，或是顺手往桌上一扔。

使用传真

在商务交往中，经常需要将某些重要的文件、资料、图表即刻送达身在异地的交往对象手中。于是，传真便应运而生。但是面对来自各方面的传真，很多女性却不知道怎样处理，在这里我们就来谈谈正规传真的标准是什么。

首先，职场白领在利用传真对外通信联络时，本人或本单位所用的传真机号码，应被正确无误地告知自己重要的交往对象。对于对方的传真号码，也必须认真地记好，为了保证万无一失，在有必要向对方发送传真前，最好先向对方通报一下。这样既提醒了对方，又不至于发错传真。其次，在发送传真时，要有必要的问候语与致谢语。发送文件、书信、资料时，更是要谨记这一条。此外，人们在使用传真设备时，最为看重的是它的时效性。因此在收到他人的传真后，应当在第一时间内即刻采用适当的方式告知对方。需要办理或转交、转送他人发来的传真时，也不可拖延时间，耽误对方的要事。

冠宏大酒店

Date（日期）：
To（收件人）：   Fax（传真）：
From（发件人）：   Fax（传真）：
Total Pages（页数）：
C.C（副本抄送）：
RE（有关）：

这次传递如有问题，请致电：010-56885996，通知我们，谢谢！
If you have any problems, please call us at 010-56885996. Thank You!

上图就是一个常见的传真范例，上面的每一行在发每一份传真时都必须要有，少一项都不可以。比如说页数，有时候，很多人对收到的传真究竟有多少页，确实不是很清楚。

使用电子邮件

电子邮件可以说是当今最快捷的仪柬，但使用时要特别慎重，因为得当与否就在一键之间，一旦发出错误信息就无法挽回。

在使用电子邮件时，很多人喜欢使用"设置自动回复"的功能，如"感谢您的来信。我的电邮很多，但是我会认真阅读每一封邮件！如果方便，我会尽快回复。"对于设置者而言，也许认为自己在很礼貌地提醒对方，可能回复会比较慢，即便你是出于好意，还是会给人一种居高临下的印象。

写电子邮件时，应该注意些什么

1. 要确保没有错误的语法，没有拼错或写错字，没有用不敬的字。
2. 不要在邮件中开玩笑、散布谣言、伤害别人。
3. 尽管很多邮箱都支持发送大邮件，但考虑到接收方可能会花费很多时间去收取，尽量发一些小文件，实在很大的话就分成多次发送。
4. "收件人"不要写太多，不然容易被系统认为是"垃圾邮件"而直接转入"垃圾邮件夹"，结果收件人会不易找到。

行进优雅有学问

当一个人懂得谦虚的时候就步入了伟大的起点。

——拉宾德拉纳特·泰戈尔

良好的礼仪能够增强彼此交往的认可度和信任度，而位次是商务礼仪的重要部分，反映出个人或公司的基本素养。通过恰当妥善的位次安排，来宾能感受到被认可和尊重的地位，以及细致的工作作风和态度。相对于静止的座次礼仪，社交中，在陪同、接待来宾或领导时，行进时的位次也是十分重要的。

电梯空间里的位置

现在，很多写字楼中都配有电梯，进入有人值守和无人值守的电梯时，需要遵守不同的礼仪规则。

1. 出入有人控制的电梯

出入有人控制的电梯，如果你是陪同者，应后进后出，让客人先进先出。把选择方向的权利让给地位高的人或客人，这是走路的一个基本规则。如果客人初次光临，对当地环境不熟悉，应该为他们指引方向。

2. 出入无人控制的电梯

出入无人控制的电梯时，如果你是陪同人员，应先进后出，并控制好按钮。

如果感觉电梯里可能会超员，就要请客人先上，如果自己上电梯后超员的铃声响起，自己应迅速地出来。如果有个别客人迟迟不进入电梯，影响了其他客人，在公共场合也不应高声喧哗，可以利用电梯的唤铃功能提醒他。

出入电梯时，哪些细节容易暴露一个人的素养

电梯关门时，不要强行挤入。在电梯人数超载时，不要心存侥幸，非进去不可。与不相识的人同乘电梯，进入时要讲先来后到，出来时则应由外而内依次而出，不可争先恐后。

如果电梯里有很多人，自己的位置不方便按电梯钮，可以对靠近电梯门的人说："请您帮我按下某层的按钮"。当别人帮你按了之后，应该面带笑容说一句"非常感谢"。出电梯的时候，如果人很多，要礼貌地对周围的人说"对不起，我要出去"。和在公交车里一样，站在门口的人为了不妨碍里面的人出去，可以先走出电梯让出空间。

如果与客人共乘电梯，需要注意什么

1. 陪同客人或长辈来到电梯门前后，先按电梯呼梯按钮。电梯到达电梯门打开时，如果客人不止一人，可先行进入电梯，一手按住"开门"按钮，一手拦住电梯侧门，礼貌地说"请进"，待客人或长辈都进入电梯轿厢后，再松开手。

2. 进入电梯后，要主动按下客人或长辈要去的楼层按钮。如果电梯行进中，有其他人员进入，可主动询问要去几楼，并帮忙按下按钮。电梯内可视情况是否寒暄，如没有其他人员时可略做寒暄，有外人或其他同事在时，可斟酌是否有必要寒暄。

我们所不知道的——会客位次大揭秘

记住人家的名字,而且很轻易地叫出来,等于给别人一个巧妙而有效的赞美。

——戴尔·卡耐基

交往艺术的核心在于向交往对象表达自己的尊重之意。如何向对方表达这种尊重,则是我们在交往中经常遇到的一个现实问题。具体到会客而言,应当恭请来宾就座于上座。会见时的座次安排,大致有如下五种:

相对式

宾主双方面对面而坐,不仅主次分明,而且易于宾主双方公事公办。这种方式多适用于公务性会客,通常又分为两种情况。

1. 双方就座后,一方面对正门,另一方背对正门。按中国传统礼仪,"面门为上",即面对正门之座为上座,应请客人就座;而背对正门之座为下座,宜由主人就座。

2. 双方就座于室内两侧,并且面对面地就座。此时讲究进门后"以右为上",即进门后右侧之座为上座,应请客人就座;左侧之座为下座,宜由主人就座。

并列式

宾主双方并排就座,以示双方地位相仿、关系密切。实际生活中,也有两种情况:

1. 双方一同面门而坐，讲究"以右为上"，即主人要请客人就座在自己的右侧。如果双方不止一人，双方的其他人员可各自分别在主人或主宾的一侧，按身份高低依次就座。

2. 双方一同在室内的右侧或左侧就座，讲究"以远为上"，即距门较远之座为上座，所以应当让给客人；距门较近之座为下座，应留给主人。

居中式

意思是说，当多人并排就座时，讲究"居中为上"，即以居于中央的位置为上座，请客人就座；而其两侧的位置为下座，由主方人员就座。

主席式

主要适用于主人一方同时会见两方或两方以上的客人，场合较为正式。一般应由主人面对正门而坐，其他各方来宾则在其对面背门而坐。有时，主人也可坐在长桌或椭圆桌的一端，而请各方客人坐在他的两侧。

自由式

会见时，有关各方均不分主次、不讲位次，而是一律自由择座。自由式通常适用于客人较多，座次无法排列，或者大家都是亲朋好友，没有必要排列座次等情况。自由式的座次排列在进行多方会面时常常采用。

谈判时,始终把友好摆在第一位

谈话的艺术是听和被听的艺术。

——威廉·赫兹里特

在商务交往中,不同的企业为了各自的经济利益而在一起商洽的时候,就出现了谈判;为了表示出谈判的严肃性,人们很重视谈判的位次。

多边谈判

多边谈判,是指由三方或三方以上人士所进行的谈判。多边谈判的座次排列,可分为两种形式。

> 假如需要译员,应安排其就座在仅次于主谈人员的位置,即主谈人员的右侧。

1. 自由式座次排列。在谈判时,各方人士自由就座,无须事先正式安排座次。

2. 主席式座次排列。在谈判室内,面向正门有一个主席位,由各方代表发言时使用。其他各方人士则一律背对正门、面对主席之位分别就座。各方代表发言后,须下台就座。

做有风度的谈判者

举行正式谈判时,谈判者尤其是主谈者的临场表现,往往直接影响到谈判的现场气氛。在谈判者的临场表现中,最为关键的是衣着规范、保持风度、礼待对手。

1. 衣着规范

参加谈判时,一定要重视自己的穿着打扮,以表明自己对于谈判的态度和状态。所以,参加谈判前,应认真修饰个人仪表,这会为你形成一个良好的个人气场。

> **谈判时,该如何着装**
>
> 如果出席正式谈判,着装一定要简约、庄重,切不可标新立异。一般而言,女士谈判时的妆容应当淡雅清新,自然大方,不可以浓妆艳抹;发型要端庄、雅致,不宜染过于鲜艳的彩发;择深色套装、套裙,白色衬衫,并配以黑色皮鞋。

2. 保持风度

在整个谈判进行期间,每一位谈判者都应当自觉地保持风度。如果能在谈判中显示出你的教养和风度,就会很快赢得对方的尊重,并为谈判成功打下良好的基础。

(1)在谈判桌上,每一位成功的谈判者都应做到心平气和、不急不躁、冷静处事。在谈判中始终保持心平气和,是一位高明的谈判者所应保持的风度。

(2)谈判往往是一种利益之争,因此谈判各方无不希望在谈判中最大限度地维护或者争取自身的利益。然而从本质上说,真正成功的谈判,应当以妥协即有关各方的相互让步为其结局。

3. 礼待对手

谈判不应当以"你死我活"为目标,而应使有关各方互利互惠,实现双赢。在谈判中,只注意争利而不懂得适当地让利于人,只顾己方目标的实现,而指望对方一无所得,既没有风度的行事风格,也不会真正赢得谈判。

用你的礼节签出经济效益

> 行为要不停地规范,不停地塑造,才能形成。
>
> ——余世雄

在商务交往中,"签约"意味着各方在互惠互利的基础上,对某个商务合作达成了一致见解,使各方在业务进展及相互关系上取得了实质性的成果。因此,签约仪式极受双方重视,签字礼仪也格外规范,不允许出现一点差错。

签字厅的布置

除了专用签字厅,也可以将会议厅、会客室按照签字厅的规范进行布置。正规的签字桌应该为长桌,面向房门,横放于室内。

如果是双边合作,桌子后面应摆放两把椅子;如果签署的是多边合同,可以为每位签字人摆一把椅子,也可以只摆放一把椅子,供签字人轮流就座。如果签署的是双边合同,当随行人员较多时,可以在每位签字人的对面摆放椅子,供随行人员就座。

在签字厅内,除了上述必要的签字用桌椅外,还应事先放好待签的合同文本、签字笔、墨水、吸水纸等文具。签署国际性商务合同时,应在签字桌上摆放各方的国旗。

关于合同文本

在正式签署合同之前，商务各方应对合同的任一条款以至细节都达到一致的认同。签约仪式的主方应提供待签合同文本，为了稳妥起见，还可向各方提供一份副本。

在准备的过程中，主方可以会同各方指定人员一起进行文本的校对、印刷和装订等准备工作。正式合同文本应尽量精美，内页以高档的白纸印刷，文本封面可由软木、真皮等材料制成。

签字人员的服饰

签字仪式是非常正规而严肃的，因此，各方签约人员也应格外重视自己的服饰礼仪。签字人、助签人以及各方随行人员都应穿着正式的商务套装。女士可以穿西服套裙或者旗袍类的礼仪性服装。

---- 究竟由谁来签字 ----

签字人视合同的性质由各方确定，一般由谈判代表出任。各方签字人的身份应大体相当。参加签字仪式的随行人员，一般由各方参加会谈的人员组成，人数也应大体相等。

签约时的座次

1. 如果签署的是双边合同，主方签字人应坐在签字桌的左侧，客方签字人坐在签字桌的右侧。双方各自的助签人应站在己方签字人的外侧，以便在签字过程中随时对签字人提供帮助。至于双方的其他随行人员，可以按照职务高低列成一排站在签字人的身后。排列时主方自右向左、客方自左向右。如果一行位置有限，可以继续排列站在第二行、第三行。

2. 如果签署的是多边合作协议，常以签字桌后面设一把座椅的情况居多。各方签字人可以依照事先约定的顺序，依次前去签约。各方的助签人应遵照"以右为尊"的惯例，站于签字人的左侧。其他各方的随行人员应按照一定的顺序，面对签字桌站立或就座。

签字的过程

当签字仪式按照预定的时间开始后,各方签字人员需按一定的顺序进入签字厅,并按座次礼仪在既定的位置上就座。

在正式签字之前,由助签人协助翻开文本,指明签字处。然后,各方应首先在己方的文本上签字,再交由他方签署,交换的工作应由助签人来完成。在己方文本上签字时,应当使自己名列首位,这样在次序排列上可以使有关各方都有机会居于首位,以示各方平等。如果签署的是多边合同,一般由主方代表先签字,然后依一定次序由各方代表签字。

签字完成后,助签人换回各自的文本,各方签字人相互握手,随行人员应起立鼓掌表示祝贺。有时候,签字人会交换各自刚刚使用的签字笔,作为纪念。此后,礼宾人员应端上香槟酒,大家共同举杯,相互祝愿。这是国际上所通行的增加签字仪式喜庆色彩的一种常规做法。

> 签字仪式上,由于文件需要长久保存,签字时应用黑色的钢笔或签字笔,不宜用圆珠笔或其他色彩的笔。

影响心情、影响成败的商务座次

> 在任何场合都要表现最好的一面。你不能对尊敬的人亲近，对其他人不理睬。你必须公平对待所有人。
>
> ——艾玛·沃特森

工作中必不可少的一件事情，就是要组织会议、领导会议或者参加会议，熟练掌握商务会议的礼仪，是一种有效的社交手段，也是一门必须要认真对待的学问。

会议座次的排定

在洽谈会上，不仅应当布置好洽谈厅的环境，预备好相关的用品，而且还要特别重视礼仪性很强的座次问题。会议的座位次序安排往往与参加会议者的职务、身份、威望有一定的关系，所以在这方面不可有一点的疏忽。

> 如果受到邀请参加一个排定座位的会议，最好等着工作人员将自己引导到座位上去，尽量不要坐错你的位子。

在进行洽谈时，各方的主谈人员在自己一方居中而坐。其余人员应遵循右高左低的原则，依照职位的高低自近而远地分别在主谈人员的两侧就座。如果有翻译，可以安排就座在主谈人员的右边。具体而言，可遵照下面几种座次排定的方式来安排。

1. 环绕式排位：不设立主席台，把座椅、沙发、茶几摆放在会场的四周，不明确座次的具体尊卑，与会者在入场后自由就座。这一安排座次的方式，与茶话会的主题最相符，也最流行。

2. 散座式排位：座椅、沙发、茶几四处自由地组合，甚至可由与会者根据个人要求而随意安置。这样容易创造出一种宽松、惬意的社交环境。常见于在室外举行的茶话会。

3. 圆桌式排位：在会场上摆放圆桌，请与会者在周围自由就座。常见下面两种形式：一是适合人数较少的，仅在会场中央安放一张大型的椭圆形会议桌，而请全体与会者在圆桌前就座；另一个是在会场上安放数张圆桌，请与会者自由组合就座。

4. 主席式排位：在会场上，主持人、主人和主宾被有意识地安排在一起就座。

优秀的主持人是会议成功的一半

各种会议的主持人一般由具有一定职位的人来担任，其礼仪表现对会议能否圆满成功有着重要的影响。

1. 主持人应衣着整洁、大方庄重，切忌不修边幅、邋里邋遢。

2. 走上主席台应步伐稳健有力，速度因会议的性质而定。一般来说，对热烈的会议步频应较慢。

3. 入席后，如果是站立主持，应双腿并拢，挺直腰背。持稿时，右手持稿的底中部，左手五指并拢自然下垂。双手持稿时，应与胸齐高。如果是坐姿主持，应挺直身体，双臂向前，两手轻按于桌沿。主持过程中，切忌有搔头、揉眼，甚至不停抖腿等不雅动作。

4. 主持人的言谈应口齿清楚，思维敏捷，简明扼要。

如果主持人看到熟人，该怎样打招呼

主持人对会场上的熟人不能打招呼，更不能寒暄闲谈。但是在会议开始之前，或是会议休息时，可互相点头，微笑致意。

5. 主持人应根据会议性质调节会议的气氛，或沉稳，或活泼，或庄重，或幽默。

发言人是会议的灵魂

会议发言有正式发言和自由发言两种，前者一般是领导报告，后者一般是讨论发言。对于正式发言者而言，应衣冠整齐，走上主席台应步态自然，刚劲有力，体现一种成竹在胸的风度与气质。发言时口齿清晰，简明扼要。自由发言则较为随意，但要注意发言时应观点明确、言简意赅；与他人有分歧，应态度平和，听从主持人的指挥。

如果有会议参加者对发言人提问，应礼貌作答，对于不能回答的问题，应机智礼貌地说明理由，认真听取提问人的批评和意见，即使提问者的批评是错误的，也不应失态。

发言时，该如何应对观众的反应

会议上有发言任务的人，不仅要做到仪态落落大方，掌握好语速、音量，还要时刻注意观众反应，当会场中人声渐大时，则意味着发言人该压缩内容，尽快结束。而且在发言完毕后，还应向全体与会者表示感谢。

商务舞会上,永远都要像女主角一样

舞蹈是有节拍的步调,就像诗歌是有韵律的文体一样。

——弗朗西斯·培根

无论国际或是国内的舞会,都是一个高尚、讲究礼仪的社交活动,而舞会无疑也是展示魅力的场所。在商务礼仪中,有哪些舞会,又有哪些不可不知的礼仪呢?

舞会的种类

1. 私人舞会

舞会可以在家中举行,也可以在酒店或俱乐部租场地举行。舞会的请柬通常以女主人的名义发出,也可夫妻两人一起发出。舞会上,女主人可以为来宾安排好座位姓名卡,并预约花商前来送花,当场把鲜花送给每位客人。

2. 正餐舞会

正餐舞会通常于傍晚举行,舞会开始约一小时后用晚餐。参加正餐舞会的客人最迟应于舞会开始后半小时内到达,一般按座位姓名卡就座。晚餐时,每道菜应上得很慢。对于初进社交界的女士,即使没有坐在父亲左侧,通常也应由父亲首先邀她跳舞。正餐结束后,开始上各种饮料。咖啡一般放在桌子上,其他饮料则由服务生递送。客人可随便就座,而舞会要继续到午夜时分。

如果正餐舞会是在家里举行，晚餐可以采用自助餐的形式。宾客可以自取食物，随意地围坐在桌旁选择谈话的伙伴。作为来宾，要尊重主人为舞会所做的一切安排。不论当面还是背后，都不对舞会安排进行批评。

3. 晚餐舞会

晚餐舞会不论开始还是结束，都比正餐舞会晚得多。大约在晚上10点到11点开始，次日凌晨结束。客人们要先吃过晚饭才前去参加舞会。晚餐舞会没有固定的座位，客人也不坐在桌子旁。但舞厅和隔壁房间有足够的椅子，供客人们休息。

晚餐舞会何时离开才得体

参加晚餐舞会，可以比规定时间晚到一小时，也不必非留到舞会结束不可。在传统的舞会上，最后一遍华尔兹跳过之后，就可离去。

舞会上的礼仪

1. 跳舞时，男女双方不要目不转睛地凝望对方，也不要表情不自然，双方距离不宜过近。男士不可把女士的手捏得太紧，不可把整个手掌全贴在女士的腰上。女士不要把双手套在男士的脖子上，也不要把头部主动俯靠在对方的肩上。

2. 进入舞池后，男士应主动跟在女士身后，让对方选择跳舞地点。不宜在舞曲未完之际先行离去。舞曲结束后，男士可在原处向女士告别，或是把对方送回原来的座位再离开。

3. 如果你是舞会主人，那么要招呼的宾客就不止一两个。当某位客人到达之后，作为主人，就要与对方寒暄几句，并且适时地把来宾介绍给其他人，以免冷落了其余的客人。若是有什么绵绵不断的贴心话，不妨留待恰当的时候再说吧。

举办家庭舞会，舞会主人最好备有自助式的小点心让人果腹。参加者若是饿着肚子前往，站在餐桌前狼吞虎咽，是没有教养的表现。

4. 虽说酒精能使人兴奋起来，让整个舞会的气氛更加热闹，但是喝多了，不管是胡言乱语或是当场呕吐，都会让舞会变成一场闹剧。作为主人不妨在美酒旁置备一些小点心或是牛奶等保护肠胃的食物。作为宾客，也要避免出现喝醉后出丑的失态。

5. 舞会中，人人热情愉悦，你自顾自地吃吃喝喝；或是因为不擅交际，便跑到墙边当"壁花"，这都不合舞会应有的礼仪。参加舞会就是要多认识新朋友，拓展社交圈。而一个尽责的舞会主人则应该带新朋友绕场一周，让大家彼此认识；如果不擅交际，想不到有什么话题，不妨就从自己开始聊起。

女士的舞会着装有什么要求

1. 如果是亲朋好友在家里举办的生日PARTY等活动，要选择与舞会氛围协调一致的服装，女士最好穿便于跳舞的裙装或旗袍，搭配色彩协调的高跟鞋。

2. 如果应邀参加正规的大型舞会，或者有外宾在场，请柬通常会注明"请着礼服"。这种场合下，女士要穿晚礼服。近年来，也流行穿旗袍改良的晚礼服，既有中国的民族特色，又端庄典雅，非常适合中国女性的气质，由于晚礼服是盛装，因此最好佩戴贵重的珠宝首饰，在灯光的照耀下，首饰的光泽会为你增添光彩，让你在盛会中备受关注。

3. 小手袋是晚礼服必备的配饰。手袋的装饰作用非常重要，缎子或丝绸做的小手袋必不可少。

中餐的餐桌礼仪

女性良好教养的招牌

Part 9

预约：电子时代不可不知的礼节

> 生活里最重要的是有礼貌，它比最高的智慧，比一切学识都重要。
>
> ——赫尔岑

中国人在生活上不习惯预约，到餐厅吃饭一般更没有预订的习惯，去餐厅都是由于吃饭时间到了，自己想去就去了，因此难免会碰上餐厅生意火爆，没有包间或者没有位子的情况。

只不过有些人都很有阿Q精神，此时就会说："这家没位子就换一家吃饭吧。"而餐厅方面也常会觉得接受预订很麻烦，不但要排序时间，还要安排桌子等候，反倒不如客人谁先来，谁就先坐容易得多。因此，在中国除了大型酒楼、餐厅，接受结婚喜宴、寿宴、大型聚餐等，往往是没有预约吃饭的习惯。

西方人则大不一样，他们基本上很少临时起意做什么事，凡事都是按照计划进行，例如：拜访朋友一定要事先联络，绝不会贸然登门造访；每个人每天要有什么日程安排，都写得清清楚楚，从超市购物、约会、请钟点工，甚至到美容院洗头，都会事先用电话预约好时间，再依照排定的行程表进行；对于吃饭这件事也不例外，必定先打电话到餐厅预订好桌子，再跟朋友确认时间地点，届时准时到达。

如果你足够有观察能力的话，就会发现这样一个现象：越是发达的国家，那里的人们对于时间的准确性就要求越严格，约定好的时间只可以早到不可以晚到，如果因为临时有不得已的情况会迟到，也必定在约定时间前，先以电话通知友人及餐厅，绝不会让别人在不清楚状况的情形下苦苦等候。

的确，养成事先预约的好习惯，不仅可以减少时间浪费，提高做事效率，还能充分规划及运用宝贵时间。这样予人方便自己也方便，难道不是新时代每个人都应有的基本生活态度吗？

到中式餐厅用餐，预约上要注意什么

1. 要视餐厅等级，决定是否需要事先预约；一旦预约，就应准时到达餐厅用餐，以免逾时太久，桌位被取消。

2. 预约时应清楚告知自己的用餐日期、时间、人数。如果是订生日宴、满月宴、婚宴、素食宴等酒宴时，务必要详细告知宾客，以便餐厅提早做好准备。

3. 预约用餐越早越好，最好提前一周预约，以免向隅。

4. 如果因故不能准时到场，务必尽快通知餐厅，并告知对方可能会延迟抵达，请餐厅保留座位。如果用餐人数有变时，也要尽早通知对方。

5. 预约用餐若因故不能举行，务必给餐厅打电话通知取消。

6. 预约订餐可以通过电话进行，当然也可以亲自登门预订，顺便看看餐厅环境是否适合举行此次聚餐。少数餐厅也可以使用传真或计算机网络预订。

7. 预约时可以同时预订特殊、费时料理，也可以预先订下特定想坐的桌位。

8. 如果需要餐厅方面加以配合或需要特别布置场地等，也应在预约时先和餐厅从业者的有关人员商量妥当。

餐桌上你到底是谁，该如何入座

在宴席上最让人开胃的就是主人的礼节。

——莎士比亚

吃饭入座虽然是一件小事，但是从这件小事上可以观察到，这个人是否懂得社交礼仪？是否细心？据说许多大公司在聘用主管时，最后的面谈已不再在办公室里进行，而选在餐厅或酒吧里边吃边聊，在应征者放松的状态下，从日常生活中观察这个人是否适合担任公司的重要职务。这种情况下，入座就更是面谈过程中细小但极为重要的一环了。

圆桌上的座次

在中餐宴请活动中，往往采用圆桌。不单是在不同位置摆放的圆桌有尊卑的区别，每张圆桌上不同的座次也有尊卑之分。记住这些原则，在中餐礼仪中非常重要。

赴宴入座，如果是在高级饭店或酒店，通常由接待员带位入座，参加宴席则应听从主人或接待人员安排落座，有些宴会已安排好客人的桌次和座位卡，即可依照指示入座。通常中餐的餐桌摆放分为两种情况：

1. 由两桌组成的小型宴请。通常是两桌横排或两桌竖排的形式。当两桌横排时，面对正门右边的桌子是主桌；当两桌竖排时，距离正门最远的那张桌子为主桌。

2. 由三桌或三桌以上的桌数组成的宴请。在安排多桌宴请的桌次时，除了要注意上面提到的规则外，还应兼顾其他各桌距离主桌的远近。通常，距离主桌越近，桌次越高；距离主桌越远，桌次越低。

席位安排以主为先

宴请时，每张餐桌上的具体位次也有主次尊卑的分别。排列位次的基本方法有以下五点：

1. 主人大都在主桌就座，并面对正门而坐。

2. 举行多桌宴请时，每桌都要有一位主桌主人的代表在座。位置一般和主桌主人同向，有时也可以面向主桌主人。

3. 各桌位次的尊卑，应以与这桌主人的距离远近来定，离主人比较近的位置比较尊贵。

4. 一般来说，主人座位右边的位置比较尊贵。

5. 如果主宾身份高于主人，为了表示尊重，可以安排在主人位子上坐，主人则坐在主宾的位子上。

座位的次序，不可不慎的细节

1. 中国人讲究长幼有序，用餐也是一样。通常主宾坐定后，依序次主宾再坐下，最后才是主人坐下。若有长辈在场，当然由长辈先入座，坐定后晚辈再坐下。如果没有长辈和主宾，就由女士优先就位，服务员或邻近男士应替女士或年长者拉开椅子，然后自己再以右手拉开自己的椅子，从椅子左边入座。

2. 平辈同事、朋友聚餐或工作餐时，不必太过拘泥座次，通常主人礼让客人坐较好的位置即可，餐厅中较好的位置，就是面向整个餐厅、远离厕所和厨房、非客人经常走动的过道或靠窗等位置。

3. 中式喜宴、寿宴一定会有主桌，通常设在台下最前列，客人要避开勿坐，贸然落座非常失礼。入座时要用手来拉开椅子，不可用脚踢开椅子，显得很粗鲁没礼貌。

点菜：来一次优雅的冒险

> 宴会上倘没有主人的殷勤招待，那就不是在请酒，而是在卖酒；这倒不如待在自己家里吃饭来得舒服呢。
>
> ——莎士比亚

到餐厅用餐不可避免的就是要点餐，那么在点餐中需要注意些什么礼仪呢？点餐中的礼节礼貌又是什么？

究竟由谁来点菜

在点菜上，如果时间允许，你应该等大多数客人到齐之后，将菜单供客人传阅，并请他们来点菜。如果是公务宴请，你可能会担心预算的问题，因此，你的首要工作就是选择合适档次的请客地点，这样客人也能很好地领会你的预算。况且一般来说，如果是你来买单，客人也不太好意思点菜，都会让你来做主。如果你的老板也在宴席上，千万不要因为尊重他，或是认为他应酬经验丰富，而让他来点菜，除非是他主动要求。否则，他会觉得不够体面。

> 点菜时，不应问服务员菜肴的价格，或是讨价还价，这样会让你和你的公司在客户面前显得有点小家子气，而且客户也会觉得不自在。

如果你是赴宴者，在点菜时你不应该太过主动，而是要让主人来点菜。如果对方盛情难却，你可以点一个不太贵又不是大家忌口的菜。记得一定要征询一下桌上人的意见。点菜后，可以请示"我点了菜，不知道是不是合几位的口味，要不要再来点其他的什么"等等。总之，点菜时，一定要做到心中有数。

点菜时，可根据以下三个规则：

一看人员组成。一般来说，人均一菜是比较通用的规则。如果是男士较多的餐会可适当加量。

二看菜肴组合。一般来说，一桌菜最好是有荤有素，有冷有热，尽量做到营养丰富，种类全面。如果桌上男士多，可多点些荤食，如果女士较多，则可多点几道清淡的蔬菜。

三看宴请的重要程度。若是普通的商务宴请，普通预算就可以接受。如果宴请的是比较关键的人物，那么则要点上几个够分量的菜。

点菜时，哪些细节不可忽略

1. 自己请客时，在预算内可以请客人尽量点菜；但是别人请客的时候，一定要为主人着想，千万别乱点昂贵的菜肴。

2. 为了尊重客人，点菜时还要考虑到同桌在座者的口味及宗教习惯，如果有人不吃辣，就别都点辣的菜；如果有人习惯吃素，就多点些素食菜肴；如果有人信奉伊斯兰教不吃猪肉，就一定不要点猪肉菜肴，甚至根本不应该到普通餐馆，而应该去清真餐馆。

3. 若是吃自助餐，可以用吃西式套餐的方式，先取冷开胃菜，吃完再取热开胃菜，想喝汤就拿汤，再吃沙拉和主菜，最后品尝甜点、咖啡，这样吃得既优雅又舒适。不要一次把甜的、咸的、冷的、热的食物全放在一个盘里，不但不能好好品尝美味，还会让人觉得你老土不懂礼仪。

要优先考虑的菜肴

一顿标准的中式大餐，通常为前菜、热菜、主食、汤，如果感觉吃得有点腻，可以点一些餐后甜品，最后是上果盘。在点菜中要顾及各个程序的菜式。当然，也有一些优先要考虑的菜肴。

1. 有中餐特色的菜肴。宴请外宾的时候，这一条尤要重视。像炸春卷、煮元宵、蒸饺子、狮子头、宫保鸡丁等，这些菜肴并不是佳肴美味，但因为具有鲜明的中国特色，所以受到很多外国人的推崇。

2. 有本地特色的菜肴。比如北京的烤鸭，西安的羊肉泡馍，湖南的毛家红烧肉，上海的红烧狮子头，在这些地方宴请外地客人时，点上这些特色菜，恐怕要比千篇一律的生猛海鲜更受好评。

3. 本餐馆的特色菜。很多餐馆都有自己的特色菜。上一份本餐馆的特色菜，能说明主人的细心和对被请者的尊重。在安排菜单时，还必须考虑来宾的饮食禁忌，特别是要对主宾的饮食禁忌高度重视。

中餐料理的上菜顺序，你懂吗

> 一个人的文明礼貌是一面照出他的肖像的镜子。
>
> ——歌德

很多人会问为什么西餐讲究上菜顺序而中餐则没有？其实正规的中餐也是讲究严格的上菜顺序的。假如你是一场宴会的邀请方，那么，中餐的上菜顺序是什么？中餐中上菜又讲究什么？事先了解清楚这些，宾客才会吃得可口满意。

上菜的程序和规则

中国地方菜系很多，宴会的种类也很多，如燕翅席、海参席、全鸭席、全羊席、全素席、满汉全席等。宴会席面不同、地方菜系不同，菜肴设计安排也不同，在上菜程序上也不会完全相同。要根据宴席的类型、特点及需要，因人、因时、因事而定，但又要按照中餐宴会相对固定的上菜程序来进行。

> 一般台面上的菜品不要超过六个菜，除了客人要求把菜留在桌上外，菜品不能空放。

1. 上菜程序

一般来说，中餐宴会上菜的程序是：第一道是凉菜或冷盘，（约八分钟后）第二道是开胃汤，（分汤后，换盘与碗等）第三道是头菜（一般为宴会的代表性菜点），第四道是主菜（较为高贵的名菜），第五道是一般热菜（数量较多，可细分为先熘爆炒菜，后烧、烤菜，再素菜，最后鱼），第六道是汤菜（即正式的汤，例如婚宴中的两汤、四汤或六汤），第七道是甜菜（随上点心），最后在主食之后上水果。

2. 上菜规则

中餐宴会上菜的基本规则是：先冷后热、先菜后点、先咸后甜、先炒后烧、先荤后素；先干后汤、先菜后汤；先清淡后肥厚、先优质后一般以及遵循一般的风俗习惯。中式粤菜的上菜顺序不同于其他菜系，通常是先汤后菜。如果客人对上菜有特殊要求，还应灵活掌握。

上菜的时机和速度

1. 上菜的时机

为了保证菜点的火候、色泽、温度等质量，使宾客吃得可口满意，假如你是邀请方，就必须了解不同餐饮方式的上菜时机和速度。如果菜上得慢了，会造成菜点冷得过快；如果菜上得过快，会使宾客吃不好。

冷盘应在客人点菜十分钟之内上桌，20分钟或15分钟之内上热菜，宾客较少时，一般30~45分钟左右上完全部菜品，也可以根据客人要求灵活掌握。一般宴会的热菜上菜要注意观察宾客的进餐情况，并控制上菜的节奏。如果是婚宴，要快速在30~45分钟之内上完所有的热菜。

2. 上菜的速度

如果没有特殊情况，多半视宾客进餐情况决定上菜速度，不宜过快或过慢，太快了服务员来不及分派，客人也来不及品味；太慢了显得台面菜点不丰盛，或出现客人空等的现象。因此，掌握好上菜的速度很有必要。

> 作为邀请方也要及时与厨房互通情况，将席间用餐的速度通知厨房，以便于掌握做菜。

中餐餐桌上的亮点——餐具至上

> 性情的修养，不是为了别人，而是为自己增强生活能力。
>
> ——池田大作

作为优雅女士，参加一些宴会是免不了的，了解餐具的使用礼仪也是一种很高的修养。中餐餐具，即用中餐时使用的餐具，可分为主餐具与辅餐具。主餐具即指进餐时主要使用的，往往必不可少的餐具。通常，包括筷、匙、盘、碟、碗、杯等，中餐的餐具虽然比较简单，但是使用起来的礼仪细节也有很多讲究。

你会使用筷子吗

筷子是中餐最主要的餐具。使用筷子，通常必须成双使用。以下一些筷子的使用方式是非常不礼貌的：

1. 迷筷，拿着筷子犹豫不决夹哪道菜；
2. 架筷，用完筷子不将筷子放在筷架上，而架在碗碟上；
3. 探筷，用筷子在碗盘里翻找；
4. 滴筷，在夹汤汁多的菜肴时，用筷子抖掉汤汁；
5. 插筷，把筷子竖插在食物上面；
6. 敲筷，用筷子敲打碗盘的边缘；
7. 塞筷，一次性夹着多种菜肴塞到口中，这种做法实在是狼狈；

8. 空筷，已经用筷子夹起了食物，但是不吃又放回去；

9. 舔筷，用舌头去舔筷子，不论筷子上是否残留食物；

10. 磨筷，拿着筷子相互摩擦筷尖；

11. 转筷，用筷子在汤碗中不断搅拌混合；

12. 寄筷，用筷子将碗挪到自己面前；

13. 指筷，与人交谈时，一边说话一边像指挥棒似的挥舞着筷子，甚至用筷子指着别人，而不是将筷子暂时放下。

匙的讲究

一般情况下，用匙取食物时，不宜过满，免得溢出来弄脏餐桌或自己的衣服。如果需要，可在舀取食物后，在原处"暂停"片刻，待汤汁不再滴流后，再移向自己享用。

另外，使用匙时，还有一些举止要格外注意：

1. 用匙取用食物后，应立即食用，不要把食物再次倒回原处。

2. 如果取用的食物过烫，不可用匙将其折来折去，也不要用嘴对着它吹来吹去。

3. 当食用匙里盛放食物时，尽量不要把匙塞入口中，或是反复吮吸。

盘子摆放不杂乱

盘在中餐中主要用以盛放食物，使用方面的讲究，与碗大致相同。盘子在餐桌上一般应保持原位，不被挪动，而且不宜多个叠放在一起。

需要着重加以介绍的，是一种用途较为特殊的被称为食碟的盘子。它的主要作用是用来暂放从公用的菜盘里取来享用的菜肴。使用食碟时，要注意下面几个细节：

1. 取放的菜肴不要过多，避免看起来繁乱不堪；不要将多种菜肴堆放在一起，弄不好它们会彼此"相克"，相互"窜味"，不优雅，也不好吃。

2. 不宜入口的残渣，如骨、刺等不要吐在地上、桌上，而应将其轻轻取放在食碟前端，必要时再由侍者取走、换新。避免让"废物"与菜肴交错，搞得杯盘狼藉，否则颇为不雅。

双手端碗不雅观

碗主要是用来盛放主食、羹汤的，所以要注意以下一些礼仪细节：不能双手端起碗来进食；不能向碗里乱扔废弃物；不能将碗倒扣在桌上。

辅餐具

这里的辅餐具是指进餐时可有可无、时有时无的餐具。它们主要在用餐时发挥辅助作用。最常见的中餐辅餐具有：水杯、湿巾、牙签、水盂等。

1. 水杯

中餐中所用的水杯，主要供盛放清水、汽水、果汁、可乐等饮料。需要注意的，一是不要用水杯盛酒；二是不要倒扣水杯；三是喝入口中的饮料不能再吐回水杯中去。

2. 湿巾

一般来说，比较讲究的中餐会为每位用餐者准备一块湿毛巾。湿巾只能用来擦手，绝对不可用以擦脸、擦嘴、擦汗。擦过之后，应将其放回盘中，由侍者取回。

在正式宴会结束前，还会再上一块湿毛巾。与之前不同的是，这次只能用它来擦嘴，而不宜擦脸、抹汗。

3. 牙签

牙签主要用作剔牙之用。用餐过程中，请尽量不要当众剔牙。若是非剔不可，应以另一只手掩住口部，切勿大张"血盆大口"。剔出来的东西，切勿当众观赏或再次入口，也不要随手乱弹，随口乱吐。剔牙之后，不要长时间叼着牙签。

水盂

有时，品尝中餐者需要手持食物进食。在餐桌上，则会摆上一个水盂，也就是盛放清水的水盆。里面的水并不能喝，只能用来洗手。在水盂里洗手时，不要乱甩、乱抖，优雅的做法：两手轮流沾湿指尖，然后轻轻浸入水中刷洗。洗毕，将手置于餐桌之下，用纸巾擦干。

中餐厅应急情形问答

礼貌是最容易做到的事,也是最珍贵的东西。

——奥列西·冈察尔

在餐桌上总有可能遇到意外的特殊情况,这里尽可能地罗列出一些,当你不幸遇到这些问题,就知道如何妥善处理。

Q:不喜欢这个餐厅菜肴的味道,该怎么做?
A:菜肴的味道,各有所好。对你来说是美味,对你的同伴却未必如此。如果是在餐厅内,即使是小声批评,也最好节制一下。

Q:原本该是热的菜肴居然是冷的,该怎么做?
A:礼貌地向餐厅服务人员指出这个错误,请餐厅重新烹饪。

Q:菜单上的照片和端上来的菜肴相差太远,该怎么做?
A:态度平和地询问服务人员,确认真实情况。

Q:如果口中有异味,你该怎么办?

A：对于想成为优雅淑女的你来说，口中的异味会让你发现自己无论是在家中、办公室还是公共场所，都不太受欢迎。下面几种做法会帮你去除因蒜或洋葱引起的口腔异味：用一片柠檬擦拭口腔内部和舌头；嚼几片干茶叶；用漱口水漱口。

Q：如果汤汁之类洒了出来，该怎么应对？

A：如果椅子上沾了酱油汁般的小污点，可以用你的餐巾轻擦几下。餐巾脏了的话，就小心地叠好交给服务生，并向他要一块新的。

做完这一补救措施，你要向在场的客人（特别是主人）致歉，因为你打扰了大家正常的就餐程序。如果别的客人还没有想到新话题，那你可以主动开始一个，或者回到发生前的话题，这对每个人来说大概都是最好的了。

Q：如果和侍者发生了矛盾，该如何处理？

A：在工作中犯错是谁都无法避免的事情，面对和侍者之间的矛盾，请抱着这样的态度去协商。比如，如果点菜或结账时发生了问题，请低声告诉侍者问题出在哪里。如果协商未果，也千万不要叫嚷，要明白不是侍者不能给你满意的答复，也许是这件事情本身已经超出了他的工作范围。这种情况下，请保持冷静，直接找领班或值班经理解决问题。

Q：用餐过程中，可以使用手机或者发邮件、信息吗？

A：在一个众人谈笑甚欢的场合，这样做显然是失礼的，应尽量避免。当你走进餐厅后，应该把电话音量调在无声或振动档。实在有紧急事务，应表情自然地离开座位，再接打手机。

Q：如果不慎损坏了餐厅的餐具，该怎么办？

A：礼貌地请餐厅服务人员来收拾。而你不用动手做什么，但一定要向餐厅人员表示诚恳的歉意，并一定要对收拾的人说声"谢谢"。如果因为自己是客人，而态度傲慢，绝对不是淑女的做派。当你结束用餐，走出餐厅时，也不要忘了再次表示一下谢意。

Q：进餐中，居然发现了一根头发，该怎么做？

A：即使碰到这种恼火的事，也不必大声喧哗。冷静地叫来餐厅人员，说明事情原委，请他们撤换或者取消这个菜。

Q：用餐时可以打喷嚏或饱嗝吗？

A：虽说这是不可避免的事情，但最好不要发生，特别是饱嗝。如果实在忍不住，可以用餐巾或手帕挡在嘴边，尽量小声；如果不停地咳嗽，可以多喝些水，去一下洗手间也是个不错的处理方法。不论哪种情况，都要轻声向身边的人打招呼，礼貌地说一句"对不起"或"不好意思"。而对于别人的饱嗝，也不要表现出不友善的反应，最好故作没看见。

Q：如果想吸烟了，该怎么办？

A：应该等到用完主菜之后比较妥当。因为烟草的烟雾和气味会有损菜肴的美味，这不免辜负了厨师的一番精心制作，也与礼仪有违。而且你实在忍不住烟瘾时，还要征得同桌的人的同意。

西餐的就餐礼节

吃出你的优雅女人味

Part 10

认识西餐厅：成为魅力达人的第一步

> 舒适的享受一旦成为习惯，便使人几乎完全感觉不到乐趣，而变成了人的真正的需要。
>
> ——让·雅克·卢梭

西餐和中餐有着本质的区别，如果到了一家吃西餐的餐厅，你没有遵守吃西餐应该遵守的礼仪，在别人眼里你就是一个没有礼貌的人。可是，在西餐厅里，看着大大小小的杯子、盘子，各式各样的叉子、勺子，常常让我们头晕目眩。另外，晚宴、鸡尾酒会、便宴，那就更让人头晕了。所以，在明白西餐礼仪之前，认识一下西餐厅是大有必要的。

大餐盘

大餐盘位于餐桌的中央。

杯子

将高脚水杯放置在客人正餐刀的上方，将细长的香槟酒杯放置在水杯和其余杯子之间。拿红葡萄酒杯时，因杯弧较大，可以用手掌托住其底部；而白葡萄酒杯杯脚更长，杯肚像一个圆柱体，举杯时，只能握住其杯脚。如果餐桌上有雪利酒杯，可能会被放置在葡萄酒杯的右边，这也预示着雪利酒将会和汤一起上。

刀叉

西餐中，刀叉都是根据一道道不同菜品的上菜顺序合理摆放的，你只要从外到内使用就可以了。沙拉叉放在大盘碟左侧一英寸的地方，由外向内依次是肉叉（主菜叉）、鱼叉（如果有鱼）。大盘碟右边由外向内依次是汤匙、沙拉刀、肉刀（主菜刀）、鱼刀，刀锋都应面向盘碟摆放。

刀叉以三套的居多，依次是吃开胃菜用的、吃肉用的，以及吃鱼用的。而吃水果的刀叉横着摆放在餐盘的正上方。一旦开始用餐，已设置好的餐具就不可随意改变位置，只能被放在盘子里。不过，如果你是左撇子，可将刀叉互相更换使用。

> 吃的时候只让牙齿接触到食物，千万不要咬叉子。如果不慎将刀叉落地，可请服务员代捡，并取一份新的来替换。

餐巾

西餐的餐巾也很有讲究，如果参加的是正式宴请，一定要牢记：只有女主人把餐巾铺在腿上之后，才是宴会开始的标志，这也意味着餐巾暗示着宴会的开始或结束，如果女主人把餐巾放在桌子上，便是宴会结束的标志。一般而言，就餐时，餐巾要铺在腿上，并且叠成长条形或者三角形，为着装保洁是餐巾的第二个作用。

如果你中途要离开一下，回来还接着吃的话，餐巾就要放在你座椅的椅面上。而把餐巾直接放在桌上，则等于告诉别人自己不吃了。此外，餐巾还可以用来擦嘴，但是不能擦刀叉和擦汗。

黄油盘和黄油刀

面包和黄油都放在小盘子里，这个盘子通常在左边叉子的上方。黄油刀则横着摆在黄油盘上的顶部，而刀刃一面切记要向着自己。

盐瓶和胡椒瓶

通常盐瓶和胡椒瓶往往成对出现，只要记得盐瓶是一个孔的，胡椒瓶是两个或者三个孔的，就可以简单地把它们区分开。一般将盐瓶和胡椒粉瓶置于整套餐具的最上边或者是两套餐具之间，这是为了方便大家共用。另外，在正式场合，一般会将盐放置在盐皿中，以便客人控制盐的用量。在盐皿中还会放一个小勺子，客人可以用它在食物上撒盐。

沙拉盘

盛沙拉一般用沙拉盘，平盘深盘都可以。讲究的餐厅要摆上刀和叉，即使有些人只习惯用叉而不用刀。作为同主食一起上菜的沙拉，把沙拉盘放在主菜盘的左侧，这时一般只放一把叉子。如果有比较大叶的蔬菜时，则要先用刀子和叉子折起来，然后再用叉子入口。

洗指碗

通常在很正规的晚宴上才能看到洗指碗，它是指餐桌上洗手指的碗。服务员在上必须用手取用的菜或甜点之间，或是在客人吃过如蜗牛、龙虾、烤鸡之类让手指变得脏兮兮的食品后会上洗指碗。

> 使用洗指碗时，你可以把每只手的手指放进洗指碗中轻轻摆动几下，然后用餐巾擦干。这个动作不要太大，要优雅一点。

起坐有礼的用餐姿态

美德是精神上的一种宝藏，但是使它们生出光彩的则是良好的礼仪。

——约翰·洛克

进餐时，要提醒一点，西方人认为弯腰、低头、用嘴凑上去吃是很不礼貌的。除了餐桌上吃的礼仪，也要注意自己姿势方面的礼仪，以一个完美全面的淑女形象给人留下得体文雅彬彬有礼的印象。

用餐姿势

1. 就座时，身体要端正，不要趴在餐桌上；手臂不要放在餐桌上，也不要张开妨碍别人，两个胳膊肘也不能架在桌子上；不要跷腿，也不要靠在椅背上。与餐桌的距离以便于使用餐具为佳。正确的姿势是只有一只手在桌上用餐。头要保持一定的高度，不能太低，不能过多地移动头部。

2. 使用刀叉进餐时，从外侧往内侧取用刀叉，要左手持叉，右手持刀；切东西用左手拿叉按住食物的左端，固定，顺着叉子的侧边，右手执刀将其切下约一口大小的食物，然后，左手拿叉将食物直接扎起送入口中。

3. 喝汤时，不要啜，不要咂嘴发出声音。如果汤菜过热，可待稍凉后再吃，不要用嘴吹。喝汤时，用汤勺从里向外舀，汤盘中的汤快喝完时，用左手将汤盘的外侧稍稍翘起，用汤勺舀净即可。吃完汤菜时，将汤匙留在汤盘（碗）中，匙把指向自己。

4. 吃鱼、肉等带刺或骨的菜肴时，不要直接外吐，可用餐巾捂嘴轻轻吐在叉上放入盘内。如果盘内剩余少量菜肴时，不要用叉子刮盘底。吃面条时要用叉子先将面条卷起，然后送入口中。

5. 面包应掰成小块送入口中，不要拿整块面包咬。抹黄油和果酱时也要先将面包掰成小块再抹。

6. 吃鸡腿时，应先用力将骨去掉，不要用手拿着吃；吃肉时，要切一块吃一块，块不能切得过大，或一次将肉都切成块；吃鱼时不要将鱼翻身，要吃完上层后用刀叉将鱼骨剔掉后再吃下层。

7. 喝咖啡时，如果愿意添加牛奶或糖，添加后要用小勺搅拌均匀，然后将

> **用餐过程中，刀叉有哪些礼仪**
>
> 1. 进餐过程中，如果你想休息一下或是和朋友聊会儿天，那就把刀和叉的柄放成一个倒"V"字。这是一个惯用的暗号，表示所享用的菜还未结束，只是小憩片刻。
> 2. 用餐中间谈话时，千万不可手执刀叉在空中挥舞摇晃；也不可一手拿刀或叉，而另一只手拿餐巾擦嘴；也不可一手拿酒杯，另一只手拿叉取菜。
> 3. 用餐完毕后，刀和叉应并排放在盘子的右边或中间。欧洲人的叉子是面向下的，但美国人不在意叉子朝上或朝下。当你这么做，侍者就明白你用餐已结束。

小勺放在咖啡的垫碟上。喝的时候，应右手拿杯把，左手端垫碟，直接用嘴喝，不要用小勺舀着喝。吃水果时，不要拿着水果整个去咬，应先用水果刀切成四或六瓣，再用刀去掉皮、核，用叉子叉着吃。

美式吃法和欧式吃法

有两种用刀叉的方法：美国式的和欧洲式的。两种都是对的。

1. 美国式。切完肉把刀放大盘子上，叉子从左手换到右手，然后用叉子叉起切好的肉，放入口中。

2. 欧洲式。始终是左手拿叉，右手拿刀。可以用刀子往叉子上按食物。另外，把刀子握在手里取食品并送入口，无论是美式还是欧式，都不应该这样做。

那些容易被忽视的就餐细节

不可在餐桌边化妆，用餐巾擦鼻涕；用餐时打嗝是最大的禁忌，万一发生，应立即向周围的人道歉；取食时不要站立起来，坐着拿不到的食物应请别人传递；就餐时不可狼吞虎咽；不可在进餐时中途退席，如有事确需离开应向左右的客人小声打招呼。

用餐姿势问答

Q：在餐厅见面肯定是先握手寒暄，然而，我的手很容易出汗，这让我每次握手都很紧张，怕别人不喜欢，该怎么办？

A：跟别人握手最忌有手汗，但千万不要当着对方的面擦手汗，可以提前在跟对方碰面前就擦好手；也千万要注意不要一跟对方握完手后立刻擦手。

Q：到了餐厅，如果大家都很熟，是不是可以随便就座呢？

A：最好不要太随便。如果是别人邀请你，要先让主人排好座位，如果是自己做东，要预先排好座位，千万不要立即随便找个座位就座下。

Q：坐下来后，我的手不知放在哪里好，搭在桌上往往比较舒服，这样是否得体呢？

A：不用餐的时候，注意不要双臂全部搭在桌子上，双手也不要放在餐桌上，可以自然地垂放在身旁或放在大腿上。总之，保持放松自然的状态就行。

Q：服务员摆的盘子比较靠前，我的头必须凑过去才能吃到，这样的姿势挺累的，但是如果不凑过去又怕食物掉下来失礼，该怎么办？

A：身体不要离餐桌太远，这样很容易把食物掉到腿上；可以挪动椅子往前一点或者挪动自己面前的盘子再靠近自己一点，这样比较方便吃东西，而不是驼背弯腰或是把头凑到前方去吃东西，当然也不要端起盘子来吃。不管是喝汤还是用刀叉进食，都要保持坐姿挺拔。如果座位安排得比较紧凑，也要随时注意自己的手臂和刀叉，不要横跨到旁边人的空间。

Q：脚反正在餐桌下面，没人看得见，如果我要伸伸腿，抖抖脚，放松一下，这样会不会失礼？

A：切记，除非你在和对面的异性朋友调情，否则最好不要把脚抖来抖去碰到别人的脚，在餐桌下给异性朋友 play footsie（在桌底下偷偷碰脚），代表你对对方有好感。

西餐与餐酒的爱慕关系

酒可以搭配任何菜,但对法国人而言,酒是用来搭配人生的!酒使任何菜色合时宜,使任何餐桌更优美,也使每天更文明。

——AnderL·Simon

饮酒是一门艺术,我们可以通过很多方法来学习有关酒的文化。例如:读一本有关酒的书,参加品酒会。当然,也可以是去中国、美国和欧洲一些有名的酒厂,了解酒的酿造过程。

选酒

一般来说,吃中餐,要喝白酒、黄酒、药酒,往往由小麦、米或药材制成;吃日本菜,要喝清酒,也是一种米制成的酒;西方的酒除了啤酒,大部分是由葡萄制成的,所以,吃西餐,就要选葡萄酒。

西餐中,常用的葡萄酒有雪利酒、苦艾酒、香槟酒和鸡尾酒。雪利酒是红色的,加白兰地调制而成,酒劲较大;苦艾酒是白葡萄酒的代表,有生津开胃的作用,以意大利产的最为有名;香槟酒原产地是香槟地区,故名"香槟",香槟一定要冰冻的。

啤酒作为一种普通的酒,一般在吃便餐时,才会饮用,外国人只喝冰冻的啤酒。当然，还有伏特加（俄罗斯的烈酒），把整个瓶子放在冷冻箱内，喝的时候要冰冰的。

吃西餐如何点葡萄酒

在西餐厅与人共进晚餐，很多人都喜欢点一瓶葡萄酒。从点酒这件事上，也能看出一个人的素质、品位和修养，所以在西餐厅点酒时应掌握一定的点酒技巧。如果你是葡萄酒爱好者，必定知道如何点酒。如果你对此知之甚少，可以请懂酒的服务人员推荐。

> 餐前，至少应该把白葡萄酒在冰箱里放两个钟头。如果你有冰酒器，最好在有冰块的水里放20分钟。在西方，正确的斟酒方法是只倒半满（1/2）的酒在杯中，不要在客人杯里倒另一种颜色的酒，这样会使酒的味道改变。因此，要多备一些空杯子。

酒的价格变化很大，从几美元到上千美元都有，主要看酒来自哪一个酒庄和酒的年份，要根据你的经济实力点酒。如果很多人喝酒，你可以点一瓶，或者点小半瓶；如果只是你一个人喝酒，也可以按"杯"要酒。当你点好了酒之后，服务人员会把红酒送到桌前，请你辨认这瓶酒是不是你所点的？只有你在确认是以后服务人员才会开瓶。

酒与菜的搭配

在正式的西餐厅或者大型宴会上，酒水常常是主角，不仅因为它最贵，而且它与菜肴的搭配也十分严格。一般来讲，吃西餐时，不同的菜肴要配不同的酒水，吃一道菜便要换上一种新的酒水。西餐中所上的酒水，可以分为餐前酒、佐餐酒、餐后酒等几种，各自又拥有许多具体种类。

1. 餐前酒，别名开胃酒，是在开始正式用餐前饮用，或在吃开胃菜时与之配伍。一般情况下，人们喜欢在餐前饮用的酒水有鸡尾酒、味美思和香槟酒。

2. 佐餐酒，又叫餐酒，是在正式用餐期间饮用的酒水。西餐里的佐餐酒均为葡萄酒，而且大多数是干葡萄酒或半干葡萄酒。在正餐或宴会上选择佐餐酒，有一条重要的讲究即"白酒配白肉，红酒配红肉"。白肉，即鱼肉、海鲜、鸡肉，吃它们时，须以白葡萄酒搭配；红肉，即牛肉、羊肉、猪肉，吃这类肉时，应配以红葡萄酒。

3. 餐后酒，是在用餐之后，用来助消化的酒水。最常见的餐后酒是利口酒，又叫香甜酒。最有名的餐后酒，则是有"洋酒之王"美称的白兰地酒。

品酒

品酒先从酒标开始。细看酒的标签，核实是否是自己要的酒，要点是看葡萄的收成年、葡萄酒的名称及产地。然后，往玻璃杯里稍倒一点，举杯看看酒的颜色是否漂亮，再用鼻子闻闻香味，最后品上一小口。如果没有问题，点点头，说声可以，侍者就倒酒了，这时便可以开始用餐。

红葡萄酒的酒杯与白葡萄酒的不同，喝红葡萄酒时，用手指夹住杯柄，反向托住杯子；喝白葡萄酒时，手只能握住杯柄，不能让手的其他部位接触到杯壁。

干杯

在西餐中，通常只有两次干杯。第一次在开餐之前，此时主人常常在位置上，以干杯来欢迎各位来宾。这就是为什么宾客往往斟了酒而不抿一口，因为他们要等主人致欢迎词。

第二次干杯在甜品上来之前。此时，主人有提议为尊贵来宾敬酒的传统。这时主人要站起来敬酒，宾客仍可坐着。当每个人为他干杯时，尊贵来宾并不饮，因为他不能为自己干杯。然后，尊客应该起身致答，并举起酒杯，才能干杯。

餐后饮

通常，在晚宴过后，有些主人喜欢再斟上一些特别的饮料：利久酒、白兰地或甜酒，以助消化，也可能是甜品后的一杯咖啡。客人可随意，坐在餐桌旁，也可离桌进入起居室。餐后饮最著名的当属白兰地，还可能是一些上好的甜酒：雪利、马爹利等。大多数主人会让客人自选餐后饮料。甜酒配上水果、奶酪或其他小甜品，而白兰地则配较大份的甜品。

餐后饮通常在室内氛围中进行。酒杯小而华丽，可带颜色，也有雕刻的。不像餐中饮酒要干杯，餐后饮只是小口品，以便边饮边聊，让主宾双方可多待些时间。

自助餐：优雅与野蛮只一线之隔

> 修养的本质如同人的性格，最终还是归结到道德情操这个问题上。
>
> ——拉尔夫·沃尔多·爱默生

西餐自助餐，亦称冷餐会，是目前国际上通行的一种非正式的西式宴会，在大型的商务活动中尤为多见。宴会中，不预备正餐，由就餐者自作主张地在用餐时自行选择食物、饮料，然后或立或坐，自由地与他人在一起或是独自一人用餐。

与正规的西餐相比，自助餐没有那么多的讲究，但掌握一些基本的用餐礼仪还是很有必要的，它能使你在宴会上、交际中更加随心所欲地展现个人魅力。

1. 在取菜之前，先要准备好一只食盘。轮到自己取菜时，应以公用的餐具将食物装入自己的食盘之内。切勿在众多的食物面前犹豫再三，让身后之人久等，更不应该在取菜时挑挑拣拣。

2. 整个用餐过程中，请尽量使用干净的盘子去布菲台取食物，并用每道食物指定的公用餐具去取食。

3. 通常自助餐的取菜顺序应当是：冷菜、汤、热菜、点心、甜品和水果。在取菜时，最好先在全场转上一圈，了解情况后再去取菜。如果不了解这一点，取菜时完全自行其是，难免会使咸甜相克，令自己吃得既不畅快又不舒服。

4. 在自助餐上，一次取食不宜过多。如果遇到自己没尝过的美食，可以先盛一小部分试食，喜欢的话多拿几次也无妨。

5. 如果就餐者点了葡萄酒，应该先让服务人员倒入杯中试饮，品尝没有问题再倒给其他朋友。在与朋友碰杯时，杯子稍微向左倾斜；饮用时抓住杯柱而不是杯身，以免手的温度影响葡萄酒的口感；在品尝之前先轻晃杯身，让葡萄酒的香味散发出来，并用鼻子深吸。

6. 在自助餐上，交际往往也是一大目的，特别是在商务活动中，应该找机会认识更多的人，扩大自己的交际面。为此，在参加自助餐时，不妨多换几个类似的交际圈。在每个交际圈，都要待上一会儿时间。

如何介入陌生的交际圈

自助餐是招待会上最常见的一种形式，也是进行交际活动的好机会。为了主动寻找机会，可以做一些事：其一，是请求主人或圈内之人引见；其二，是寻找机会，借机加入；其三，是毛遂自荐。

鸡尾酒会：女人风情万种的小秘密

礼貌经常可以替代最高贵的感情。

——普罗斯佩·梅里美（法国小说大师，剧作家）

还记得《欲望城市》里Carrie踏着Dior的高跟鞋频繁参加一场又一场酒会的情景吗？绅士、淑女们脱去白天的倦容，换上华丽的晚装，优雅地端着高脚杯点头微笑着，想象一下，此刻的你就是鸡尾酒会的主角，精彩顷刻绽放！

你了解鸡尾酒吗

提到鸡尾酒会，就不得不提到鸡尾酒，它实际上是一种合成酒，英文名Cock Tail。在19世纪六十至七十年代消失了近十年的时间，此后又开始盛行。虽然红酒和啤酒仍然是备受欢迎的饮品，但是鸡尾酒这种混合型的饮品也开始悄然复苏。各种时尚发布会也纷纷以鸡尾酒会作为点睛之笔，鸡尾酒更是成为一种社交符号。

近年来，鸡尾酒会在国际上日渐普遍，各种大型活动前后往往都会举办。它的最大特点便是参与者可以自由随意地走动。在一个圈子一段时间的交谈后，一句"不好意思,我去和那边的朋友打个招呼",或是"抱歉,失陪一下"都可以让你不失礼节地穿梭在不同的谈话中。

会上以酒水为主,略备一点小食品放在小桌或茶几上,或者是服务生拿着托盘,把饮料和小食品端给客人。不设座椅,客人可随意走动。当然,在这优雅奢华的场所中,约定俗成的礼仪还是相当重要的:

复函

当你收到一个鸡尾酒会的邀请时要及时回复,对于邀请置之不理是很不礼貌的行为。在正式的邀请函里,包括有邀请函以及主办方的地址和一些简单的相关信息。这样一来可以让被邀请人清楚明了,同时也便于被邀人的回复。如果没有收到正式的邀请函,也可以通过邮件或者电话进行回复。

着装

鸡尾酒会有丰富多彩的形式,通常以半正式或者是临时的餐酒会为主,打个招呼,随心地坐下来聊聊天。最不正式的就是鸡尾酒自助餐。

鸡尾酒会的特点就是开胃小食会贯穿始终,让来宾交流的同时也能享受美食。大部分的鸡尾酒会都是半正式的,来宾可以按照自己的需要或站着或坐着,在这样的场合不必过分的拘谨。但是鸡尾酒会的接待员很多都是身着正式的服装。

沟通

酒会是西方社会非常重要的组成部分。商务酒会上,你如果善于交流,一来可以加强跟老客户的联系与交流,二来可以结交到不同的商业朋友,为日后的生意打下坚实的关系网。因此,在鸡尾酒会上,你可以尽可能地和其他你想认识的人交流,不必受拘束,这会为你提供一个广阔的可以互相交流和建立新的关系纽带的平台。

食物

鸡尾酒会一般不设置座位,为了促进彼此间更好的交流。服务人员会手捧托盘,穿梭在人群中,为宾客提供精致的食物和丰富的酒类饮料。

所有食物都是小块的,有的用牙签串起来,有的是直接放在瓷勺里,而且大多数都是用手拿的。如果提供牙签的话当然最好，那就尽量快速地嚼，因为可能随时有人和你说话。如果食物需要你用手去拿，进餐前一定要先拿一张纸巾，以保证手的干净。

不过，如果附近没有烟灰缸、盘子或废物箱，那就把你用过的牙签放在纸巾里，交给服务员或放在他们的托盘里，或在你离开以前丢进废物箱里，千万不要丢在地上。用过的酒杯也不要随意乱放，找到服务员交给他们即可。

饮品

鸡尾酒会上，一定要用酒杯喝饮品，绝不要从玻璃罐或者是易拉罐里直接喝。握玻璃酒杯也是有讲究的，一般应该握住它的杯脚，轻呷一口。不喝时拿在手上，不要把酒杯放在桌子上，避免酒杯里的酒洒出来。为了避免失礼，拿饮料需用左手，这样当你用右手和别人握手的时候，才能保持干净。

> 确保随身携带一切你可能在鸡尾酒会用到的东西，包括名片、简历等你的相关信息。如果你想让更多的人认识你，想得到更多的机会，那么就尽可能多的交换名片。

谈吐

鸡尾酒会这样的场合不适合讨论过于激烈的话题，也要避免谈论涉及体重、婚姻和宗教等敏感的问题。在和别人谈话时要注意力集中，在适当的时候，使用肢体语言是个很好的方法，能够促进和别人愉快地交流。当然，千万不要随便说别人的闲话。

举止

鸡尾酒会上，即使酒水再好喝，也不要贪杯，喝得过多，很容易醉。即使是朋友盛情难却，也要小心礼貌为好。临别时，一定要和主办活动的主人告别和道谢，当然也要和别的宾客道别。这是一个非常好的机会来回敬自己受到的邀请。

社交晚宴——终极优雅的舞台

社交的乐趣才是生活的根本。

——安德烈·莫洛亚

晚宴是国际社交的重头戏,通常从晚上七点至八点开始,有时甚至迟至九点才开始。晚宴最初的一小时通常是鸡尾酒会,用意是让宾客暖场、相互介绍,特别是认识与你同桌的朋友。

待鸡尾酒会结束后,主人正式宣布宴会开始,这时每个人都要走到自己的座位附近,等主人说"请坐"后,男士要帮右手边的女士推椅子,请她先坐下。待大家都坐定后,所有人才开动。

> 在国际宴会上,敬酒时只能找身边的人,不能像东方人全桌打通关。

在晚宴席次的安排上,中国文化以左为尊,但国际规范却依照西方习惯,以右为尊,离主人右侧越近的人身份越高。在国际宴会上,女主人坐主位,男主人坐在她对面,男女宾客也是成双坐在彼此对面。

晚宴上,最后的余兴节目通常是社交舞,首先由女主人邀请一位男客人开舞,然后宾客方可进场,你一定要先跟自己同行的舞伴跳,然后再邀请其他人,而且必须先征求你的舞伴同意。

晚宴通常有两种,一种是隆重的晚宴,比较正式;还有一种是便宴。

隆重的晚宴

按照西方的习惯,正式宴会大多安排在晚上举行,一般都在八点以后。中国则一般在晚上六点到七点开始。举行这种宴会,说明主人对宴会的主题很重视,或为了某项庆祝活动。正式晚宴一般要排好座次,在请柬上注明对着装的要求。席间有祝词或祝酒,有时亦有席间音乐,有小型乐队现场演奏。

便宴

"便宴"是一种比较简便的宴请形式。这种宴会适用于亲朋好友之间,气氛亲切友好。有的在家里举行,服装、席位、餐具、布置等也可不必过分讲究,但这仍有别于一般的家庭晚餐,仍应注意遵守宴会上的礼节。

按照西方习惯,晚宴一般邀请夫妇同时出席。如果你受到邀请,一定要仔细阅读邀请函。上面通常会说明是请一个人还是同时邀请你的伴侣。如果你要和先生一起出席,回复邀请时请告诉主人他的名字。

来一场西餐用餐的实战

> 没有教养,没有学识,没有实践的人的心灵好比一块田地,这块田地即使天生肥沃,但倘若不经耕耘和播种,也是结不出果实来的。
>
> ——格里美尔斯豪森

现在让我们把前面提到过的就餐过程来一个正式演练,只试一次你就会发现西餐并不难,熟练之后,你就能放心地去任何西餐厅,安心地享用各种美食。

进入餐厅

进入西餐厅后,如果你穿着大衣,那应该把大衣脱掉,一般西餐馆里都有衣帽间,你可以把衣服存在那里,别忘了付大约一美元的小费。请注意,大多数衣帽间都会注明不会对皮草等贵重物品负责。所以,你也可以不寄存,直接把衣服放在座位的椅背上。

入座

在入座之前,最好相互之间寒暄几句,坐下来后,再慢慢细谈。就座时,按照礼仪来说,男士应该为女士拉开座位。如果有男士这样做,你就站在椅子的右边,由你的左手边坐下去,并微笑着说"谢谢"或点头示意。因为在整桌女士没坐好之前，男士不能坐下，所以就算没有男士为你拉开座位，也请你尽快找到自己的座位落座。

> **为什么要从椅子左侧入座呢**
>
> 古时的西方，男女都佩剑防身。如今我们依然可以在某些欧洲王室的护卫队演习中看得到这个传统。因为佩剑是挂在左腰间的，所以为了使剑身不妨碍入座，当时的人们都有站在椅子的左边，然后右脚向前跨一步后入座的习惯。时至今日，这个站在椅子左侧的入座方式也自然而然地成了餐桌礼仪的一部分。

上菜及开始用餐

西餐的基本上菜顺序是：开胃菜—汤—主菜（鱼或肉）—沙拉—甜点／水果—咖啡／茶。下面就来详细了解一下：

1. 开胃菜

作为头道菜或与鸡尾酒交替的佐酒菜，开胃菜各色各样，目的就是刺激食欲。在正餐开始前，通常招待盐渍或无盐的坚果、小碟装的肉或蔬菜馅的面点、小块的肉或鱼……几乎所有的食品都可作为开胃菜，不过分量要少，否则会败坏吃后面正餐的胃口。

2. 汤

喝汤应该是最简单的事，但在西餐中也可能会出差错。喝汤要用调羹从里往外舀汤，尽管对中国人而言，有点儿奇怪，但这是规矩。如果汤太烫的话，可以对着调羹吹一下，凉了再喝。但绝不能端起汤盘，直接用嘴喝。如果汤盘快要见底，而你又想把它喝光，就得把汤盘向餐桌中心倾斜，用调羹从里往外舀。如果汤喝完了，那就把调羹放在汤盘的中间或是旁边，示意服务生你已经用完。

> 在中国和日本，喝汤时发出咕噜噜的声音是可以接受的，但在西方国家就不行，喝汤的规矩是不能发出声音。

3. 主菜

主菜通常是一道鱼或一份肉类。

在西餐中，鱼往往是去了刺的，这样很容易吃。如果端上来的是整条鱼，那就要自己除掉刺——你可以先将鱼皮从头到尾拉掉，然后用鱼刀沿着后背划开，这样鱼刺就基本都出来了。无论是整条鱼，还是鱼块，都得用吃鱼的刀叉来吃。只有在吃熏鱼的时候，因为不需要除皮、除刺，才会用肉菜餐刀。如果想加点儿柠檬，就得把柠檬往鱼上挤，注意要用手遮着。如果你嘴里有小鱼刺，应用手捏出，放在盘子上，不能直接往盘子里吐，这是很不礼貌的。

与中国人吃肉丝、肉丁的习惯不同，西方人吃肉一般都是大块的，无论是羊排、牛排还是猪排。在西餐厅，你一定要把肉切开，用刀叉切成小块，大小刚好是一口，然后慢慢咀嚼。

牛排生熟的程度，你了解多少

吃西餐时，可以按自己的喜好决定牛排生熟的程度，通常有以下4种烧法：

1. Rare：生，煎的时间不超过4分钟。外表有烤焦痕迹，里面肉质呈现原来红色，但入口有热度。切开时还有血水渗出，但肉质极嫩，口感多汁。

2. Medium Rare：中生，煎的时间6～8分钟。外表有烧烤过的痕迹，但里面已经全面加热，可以感受到相当热度，但是肉质呈红色。切开时有稍许血水渗出，肉质嫩，口感多汁。

3. Medium：稍熟，常说的5～6分熟。煎的时间8～10分钟。外表烧烤呈深褐色，但是里面除了中间部分呈现粉红色外，外围部分呈烧烤过的澹褐色。切开时流出褐色肉汁，需要咬上数口才能咽下。

4. Medium Well：中熟，7分熟。煎的时间10～12分钟。外表烧烤呈深褐色，但里面核心部分呈少许红色外，外围部分呈烧烤过的褐色。切开时流出褐色肉汁，需咬上数口才能咽下。

5. Well Done：全熟，煎的时间12～15分钟。外表已有明显烤焦痕迹，热度已经渗入整片肉中，肉色因为高度加热呈现深褐色。咬劲足够狠，才能咽下。

至于吃小鸡、鹌鹑、田鸡的腿等的讲究，可以抓着骨头的一端，微张开着嘴巴吃肉。更优雅一些的话，可以用叉子把小腿放入口中，在口中把肉与骨分开后，再用手指取出骨头。在吃鸡的时候，切记一定要时常用餐巾擦擦手，擦擦嘴。

4. 沙拉

如果你的主菜盘里有蔬菜沙拉做配菜，它们通常是烧熟的，用你的主菜叉吃就可以。如果沙拉放在另外的盘子里，你可以用桌上专门的沙拉叉去吃。如果没有的话，就用主菜叉。带有芝士的沙拉是主菜和甜点之间的间隔菜，沙拉盘是早已准备好的，可以用沙拉叉和午餐刀这两种餐具。

5. 甜点／水果

西餐中，最后一道菜是甜点或水果，一般和咖啡或茶一起上。蛋糕可以用小甜食叉子（比晚餐叉小）来吃，而冰激凌、布丁、牛奶蛋糊等不成形状的甜点就用比汤匙小的调羹来吃。

在许多西餐厅，水果会作为甜点或随甜点一起上，或是多种水果混合在一起的水果沙拉或拼盘。

6. 咖啡／茶

常见咖啡的种类

1. Coffee Regular（有咖啡因的咖啡）。

2. Coffee Decaffeinated（没有咖啡因的咖啡）。

3. Caféau Lait（欧洲的奶茶）把打起泡的热牛奶和咖啡同时注入杯子，成品咖啡表面会装饰牛奶泡沫。

4. Cappucino（意大利的特别蒸出来的咖啡）这是现今最受女性欢迎的一种咖啡，浮放泡沫奶油，杯上撒肉桂粉，奶油上摆少许柳丁皮，附肉桂条搅拌用。

5. Espresso（特浓的咖啡）宴请结束时，有时会上这种口味很好的咖啡。不过，即使钟情咖啡的人也不会在晚上喝它。Espresso是用浓咖啡调制而成，可佐以一小条的带皮柠檬与糖，用特小的调羹来搅拌糖，但这种咖啡是不能加牛奶与奶油的。

西餐的最后一道"菜"是咖啡或茶。在此方面，中国人的习惯与外国人有很大差别。首先，咖啡杯是瓷做的，有手柄，而且下面有配套的小托盘。喝咖啡的时候，要优雅地把杯子拿起来喝，将小托盘留在台上。当你喝完一口后，再把杯子放回盘上，不能让它们分离。

喝咖啡用的调羹比汤匙小得多，只有一个作用，就是用来搅拌糖和牛奶的，用完以后要放在盘子上，绝不能用它舀起咖啡一口一口地喝。

现如今，西餐厅也越来越流行喝茶，如中国的绿茶、薄荷茶，通常不加糖和牛奶。但若是印度茶、红茶或英国茶，就可以依个人喜好酌量添加。

冰茶是盛在高玻璃杯中的，冰茶的调羹用后可以拿出来，搁在盘子上或餐巾上（不能放在桌子上），喝的时候，可以手指握住杯的边缘来饮用。

结束就餐

此时，主人常常会留意客人是否快要结束用餐，当主人把餐巾放在桌子上，并站起来，表示用餐到此结束。如果你发现主人把餐巾放在他的盘子左边，那就是就餐结束的信号，你也要跟着这样做。

如果是你请客，那就在用完餐后，示意服务员拿来账单，你可以仔细地看账单，这没有什么不好意思的。如果是男士付账，你可以借此去一趟洗手间补妆，把时间留给男士去付账并核对账单。

西餐厅应急情形问答

> 礼仪的目的与作用本在使得本来的顽梗变柔顺，使人们的气质变温和，使他尊重别人，和别人合得来。
>
> ——约翰·洛克

在浪漫地享受美味西餐的时候，一些吃西餐的礼仪有没有被你忽视呢？看看专家总结出的吃西餐时最常遇到的情形，避免这些错误，可以让我们正确、文雅地进餐。

Q：遇到不喜欢的食物，该怎么做？

A：在上菜过程中，如果遇到你不喜欢或是根本不能吃的菜品，先不要拒绝，可以让它待在盘子中，但你一定要用叉子拨一拨它，这样别人就不太会注意你不吃这种食物。

如果别人说："你怎么碰都没碰，今天的菜不合你的胃口吗？"你可以回答说："我吃了一点儿，但不是很饿，谢谢你。"最好不要直接说："我讨厌吃鱼。"

Q：同伴的菜肴看着很美味，可以交换吗？

Ａ：在高级餐厅内，是绝对禁止这种举动的。如果实在想品尝一下别人的菜肴口味，可以在点菜时，与服务人员商量，把相互的菜肴分个拼盘。不过，在家庭宴会或休闲餐厅内，就不必如此拘谨。在愉快的氛围中交换餐盘，也是一道令人温暖的风景。

Ｑ：如果事先预订了餐厅座位，该怎么和侍者交流？
Ａ：如果你是客人，应该在进门口处等待领位员，而不是自顾自地闯进餐厅。如果预订了座位，进门时就向领位员报出定位人的姓名，由他带你过去；如果没有订位，也可以说："请问现在有没有四个人的桌子？"让领位员安排座位。

Ｑ：可以在餐厅内拍照吗？
Ａ：相机的闪光灯和快门声音，难免会给周围人带来骚扰。而且有的餐厅是禁止拍摄的，所以，拍摄前一定要和餐厅人员沟通。当然如果是在包间内，征得同行的人和餐厅人员同意，就未尝不可。

Ｑ：可以用菜肴剩下的酱汁或者余汤蘸面包进食吗？
Ａ：如果不是在正式的宴会上，这种进餐方法是被认可的。有些餐厅还会准备一些酱汁供面包蘸用。

Ｑ：怎样给咖啡加糖？
Ａ：给咖啡加糖时，砂糖可用咖啡匙舀取，然后直接加入杯中；也可用糖夹子把方糖夹在咖啡碟近身的一侧，再用咖啡匙把方糖放入杯子中。如果直接用糖夹子或用手把糖放入杯中，可能会使咖啡溅出而弄脏衣服或台布。

Ｑ：叉着面包往嘴巴里送，可以吗？
Ａ：吃西餐的时候，服务员一般会先把面包放在面包盘上端过来。由于盘子上有一把面包刀，所以常常见到有人会用这把刀把面包横切，然后把整块黄油夹在中间像汉堡一样吃，也有人会直接用叉子叉着面包往嘴巴里面送，还有人会把黄油涂满整个面包，然后直接用嘴咬，直到把一个面包解决掉。

面对端上来的面包和黄油，正确的吃法是用手把面包撕开。每次撕下大概一口能吃掉的分量，然后蘸点橄榄油吃；或者用面包刀把黄油涂到面包上，直接送到嘴里。等到嘴巴里的吃完，再继续撕第二口。至于撕面包造成的面包屑，西餐厅的服务员会用一个叫Crumber（西餐厨具必备——刮屑刀片）的小工具扫掉。

Q：每一道菜吃完，只需要坐在那里等着服务员过来收盘子吗？如果怎么等也等不来，可以不可以在餐厅里大声叫人？

A：其实，在餐厅里大声叫人，不仅会弄得你自己很不开心，还会以为餐厅服务很差。问题可能在你的餐具摆放上。在西餐厅的餐桌上，每吃完一道菜，食客都应该把刀叉顺着同一边放在盘子里。这是给服务员的一个信息，可以过来收盘子了。如果刀叉还是分别朝两边放，虽然盘子都空了，但是服务员还是会以为你没有吃完，因为你没有用刀叉的正确摆法给他收盘子的提示。

Q：我的菜不够咸，但是盐和胡椒罐子又离我比较远，要站起来才能够到，这时我应该怎样做？

A：如果需调味品如盐或胡椒，但它们不在伸手就能够得着的地方，这时千万不要站起来伸手去够，也不要站起来走到那边去拿，可以轻声请靠近调味品的人帮忙递过来即可。

公共场合的优雅
你的气质比美貌更出众

Part 11

公共场合:彬彬有礼是件好事

> 礼节要举动自然才显得高贵。假如表面上过于做作,那就丢失了应有的价值。
>
> ——弗朗西斯·培根

你有过类似经历吗?在同一场景下,如果你有不舒服的感觉,甚至觉得自己被侵犯了,那么无疑,你周围的那些人触碰到了你的"人际气泡"。

人人都有保护自己个人空间的本能,尤其是在公共场合,大家扮演的角色都非常特殊,彼此都是陌生人却还要保持良好的关系,心理学上把这种现象叫作"人际气泡"。意思是说,在我们周围存在着一个个看不见的"气泡",正是这些"气泡"为我们自己划分了一块"领地"。人在"气泡"的保护下会觉得很安全,如果"气泡"被侵犯了,就会感到不安,甚至发脾气。

心理学家曾做过这样一个实验:

在一个大阅览室里,当只有一位读者时,心理学家就进去拿椅子坐在他的旁边。心理学家重复该试验整整80人次。结果证明,没有一个被试者能够容忍一个陌生人紧挨自己坐下。当心理学家坐在他们身边后,很多被试者会默默地移到别处,有人甚至明确地问:"你想干什么?"

这个实验说的是一个人际距离的问题,证明了一个简单的结论:没有人能容忍他人闯入自己的空间。这种"闯入"可不单是距离上的，还包括听觉、视觉和嗅觉上的。

"你能小声点打电话吗？"也许你也曾经这样被人提醒过，想必打电话的你一定是非常尴尬。其实，就算是再小的事情，如果没人指出来，很多人根本没法发现自己的举止有什么不对，恐怕这才算是注意日常礼仪中最大的困难了。很多时候，如果我们能够做到先补补礼仪课，再出入公共场合，可能就不会那么频频侵犯他人的"气泡"了。

你是否侵犯了别人的"气泡"

1. 主动排队。以等车为例，如果你是第一个，那就请主动站在队首的位置，这也是给后面的人一个信号——这里是需要排队的。它显示了你对公共秩序的认可和主动遵守。

2. 注意自身的清洁。一个人在头发、口腔、鞋子和身体上不好的味道也是对别人"气泡"的侵犯，尤其是在夏天。若是试图用很多香水来盖住这种体味，未免不可靠。最好的办法就是勤洗澡、勤换衣，不连续两天穿同一双鞋，让鞋子有时间充分干燥。

3. 慎用手机。这是老生常谈的话题，却还是要一提再提。为此，你需要注意以下几点：打电话时要尽量控制音量、在公共场合关掉手机铃声（比如开会）、避免用手机频繁发送短信，这些都是不合礼仪的。

4. 注意公共场合的着装。公共场合的着装也要遵循"气泡"理论。现在吊带背心和热裤大概是公众能接受的底线，若是穿着过于暴露的服装，甚至奇装异服，就不适合日常的公共场合了。

公交设施上,也要自己美美的

> 如果你需要一只援助之手,你可以在自己的任何一只手臂下找到;随着年龄的增长,你会发现你有两只手,一只用来帮助自己,另一只用来帮助别人。
>
> ——奥黛丽·赫本

这是一个人群自由流动的时代,公共交通的方便快捷更是为这种流动提供了便利。如果我们能多一点公共交通的礼仪,它们就会更便利,为我们提供更好的服务。

乘飞机时

乘坐飞机时,行李千万不要又小又多,零零碎碎好几件,不方便携带,给人印象也不得体。这种情况下最好是准备一个大点的箱子托运,然后手提一个拎包,里边放置重要的证件和随身物品,在你需要的时候就可以马上拿出来用。

如果你用作托运的箱子看上去很普通,请挂一个有特色的行李牌,现在很多时尚品牌都有设计别致的行李牌卖。在这个行李牌上,你可以写上自己的名字和联系电话,这样可以在众多行李中一眼发现自己的,避免别人误拿行李。如果行李不慎丢失,也有希望期待好心人能与你取得联络。在换取登机牌时,要提前准备好各种证件，尽量别到了柜台前才急匆匆地翻找。

上飞机后，放行李时如果遇到麻烦可以向空乘人员或身边的男士求助，给他们一个当绅士的机会。飞机起飞前，一定要认真系好安全带。有时候飞行途中会遇到意想不到的气流和颠簸，一旦出现危险情况可不管你是第一次还是第一万次坐飞机。如果你是靠窗，就要打开遮光板；如果是靠走廊坐，注意手肘不要探出太多，以防被餐车碰伤。

> **坐飞机时，手机怎么办**
>
> 在飞机上绝对禁止使用手机。就算你的高级手机有"离线功能"、"飞行模式"，也还是不要用，这很可能会给空乘人员及所有乘客带来困扰。如果你对高科技如此感兴趣，就把手机内容和笔记本电脑同步好了。飞行时你可以使用笔记本电脑，但一定确保在飞机转入平稳飞行之后。

在飞行途中，如果你想躺低点休息的话，一定要先向坐在你后面的乘客打个招呼。如果你想把鞋子脱下来，最好先确定你的脚、袜子和鞋子足够干净，而且袜子上没有破洞。当然，为了舒服，你也可以带一双轻便的拖鞋。如果你要使用洗手间，请尽可能缩短时间，要知道，当你在洗手间里坦然化妆的时候，外面还有很多人在焦急地等待呢。

乘火车时

在进入候车室时，要全力配合安检。把行李全部放在检测仪上，完毕后，别忘了把自己的行李拿好，不要遗漏物品。检票时，养成排队的习惯，不要拥挤。要配合工作人员检票。

坐火车尽量带轻便的行李，可以拉动的最好，因为行李基本都会随身带，不用托运。小件的行李请放上行李架，大件的放在座位下面。

T恤加上宽松的牛仔裤大概是坐火车最好的着装，如果是夏天，建议带件休闲外套，因为车厢里的空调有可能很凉。如果是卧铺，记得穿双舒服且便于穿脱的鞋子。

在长途旅行中，坐在一起的乘客通常会聊天，注意控制你们的音量——当你们相谈甚欢时，别忘了还有人在兴致勃勃地看书或者睡觉呢。在火车上要自觉维护公共卫生，果皮、纸屑等东西要放在桌上的托盘里，乘务员过来打扫的时候请主动帮助他们。

乘公交车、地铁时

公交车和地铁是最容易考验一个人素质修养的地方。我们不止一次看见就算开过来的是空车，等着的乘客都会有座位，大家却还是争先恐后蜂拥而上。

由于公交车、地铁上通常聚集的人很多，尤其是上下班高峰期，出现车厢拥挤是在所难免的事情，所以，要尽可能做到相互谦让，相互谅解。在公交车、地铁上，因为距离他人很近，所以不要在车内吃东西，不乱丢垃圾，更不可随意脱鞋、袜。如需携带有异味的、容易污染的物品上车，应当事先将物品包装好。在公交车、地铁上接听电话的声音要轻，避免大声随意聊天。

> 乘地铁时，不可把脚伸到过道。若是穿超短裙，入座时，两腿要收拢、并紧，如果裙子太短，可以把手袋放在腿上稍作遮挡，否则是很失礼的。

乘电梯时

在电梯上的时间也许只是几十秒钟，却同样能反映一个人的礼仪修养。如果乘坐的是直升电梯，进电梯后要面朝电梯门；如果站在按键附近，可以礼貌地说一句"您去几楼"来主动帮助站在里面的人。要特别注意，当电梯即将关门时，如果有人跑过来，一定要按开门键等他一下。

在人潮高峰乘坐滚梯时，有些地方会要求"左行右立"，即靠右侧站立，扶好扶手，左边留给着急的人上下。如果你不赶时间，那就请扶好扶手站好即可。

自驾时的优雅风情

若要优雅的姿态,要记住行人不只你一个。

——奥黛丽·赫本

大城市的交通拥堵现象较为常见,造成拥堵的原因之一就是,大部分司机的不文明开车行为。比如较为严重的行为有不按交通线路行驶,随意超车、任意并线,相互剐蹭后,大家又谁也不愿意把车开到旁边再解决问题,从而导致后面的车辆发生连锁反应,造成大面积拥堵。因此,为了自己和他人的安全,要有一个文明的驾车礼仪。

女士驾车通常会有两个阶段,最开始是技术一般的时候,常被别人说"面",等到技术熟练了的时候,就变成了"女魔头",比男人还生猛,一路横冲直撞。为此,淑女们请注意:

在你技术不好的时候一定要多加练习,熟练了再上路;

技术娴熟了以后也要时刻记着谁都是从新手过来的,要知道礼让他人。礼让别人,你并不会损失什么,反而更能体现你处处为别人考虑的素养,更能得到别人的尊重。

淑女不可不知的驾车礼仪

1. 要专心致志地开车,不要因流连于观赏周围的景色,交谈,打手势,左顾右盼,分散了注意力。

2. 当别人的车从身边驶过时,应放慢速度,不要加速。更不要朝别的司机大喊大叫。

3. 如果因违反交通法规而被交警拦下,态度要礼貌,友善。即便你认为没有违反交通法规,也要平心静气地说明自己的理由。如果你确实是违反了交通法规,适时的道歉常会为你带来意想不到的结果。

4. 当驾车到某人家中接某人时,应下车按主人家的门铃,而不是按汽车喇叭,除非是事先约定或是有紧急事情。

5. 一个优雅的司机不要飞快地驶过离马路边很近的污水坑,使污水飞溅到行人的身上。

6. 孩子们是不可预测的,当你在学校附近,或者操场附近驾车时,必须特别机警,注意那些在步行或在骑单车的小孩们。

7. 当你加油时,如果前面的位置能加,就到前面去,不要一进去就停在最后一个加油位,导致前面的油枪空着,后面的车辆却要等待。

8. 当你驾车去超市买东西时,如果把手推车推到了车前卸东西,请记得把手推车推回去或放到不碍事的地方。

剧院、音乐厅——重要场合如何光彩耀人

所谓以礼待人，即用你喜欢别人对待你的方式对待别人。

——查理·德菲尔

在很多文明的国际大都市都有很多的剧院和电影院，在这里可以全身心地投入去欣赏作品，不会有人迟到或早退，不会有电话铃声响，不会有吃零食的声音，不会有小孩子在过道里跑来跑去，也不会有人交谈，连咳嗽和清嗓的声音都没有……不知你注意到有些音乐会的老听众，他们在翻看节目单时都会尽量做到小心，生怕发出一点响动。的确，即使是最小的、最短暂的噪音也是噪音。

> 对于喜欢迟到的女士来说，听音乐会和欣赏剧目的首要礼仪就是准时到场。如果迟到而被工作人员拦在外面的话，要耐心等到中场才能进。

那么，去音乐厅或剧院听音乐会、欣赏歌舞戏剧，你该做怎样的准备呢？

1. 首先应选择较隆重的装束。女士以样式优雅的裙装为上选，配以首饰。长西裤也被允许，但记住不要穿牛仔质地的裤、裙。妆容应比晚宴妆淡些比日妆浓些，而且要与着装相配。

2. 手机一定记得在开演前关机，至少也应调至确定不会发出声响的静音或振动档。照相机最好不要带。在演出期间，使用这些设备均会对表演者构成影响，还会妨碍到其他观众。

3. 你最好至少提前十分钟到达现场，从容地找到自己的座位，并留出足够的时间去洗手间整理一下。还可看看休息区的方位，以便幕间休息时算好时间用些小点心、饮料之后，在下半场开演铃声响起时能及时归位。若迟到，绝大多数的剧院只能在幕间休息时方可入场，你也只有无条件服从。

4. 剧院的座位设计最大限度地保证了每位观众都能看清舞台上的演出。所以，如果你长时间地凑过头去和同伴交流，既影响了后排观众的视线，窃窃之声还妨碍了他人的欣赏。

5. 无论交响乐还是独奏或协奏曲，乐章间的停顿是不应鼓掌的。如果是歌舞剧，每幕演完应给予掌声。哪怕遇到你非常熟悉的乐曲，都不可得意忘形跟着低声哼唱。不是谢幕后加演的曲目且得到表演者的应允，也不可跟着节奏鼓掌。

6. 不到幕间休息，一般不宜离座。如果实在有紧急状况，需跟邻座先说声"对不起"再躬身出行，并最好一路以极低的声音说"对不起"至最边上那位观众。如果演员还在演出，无论你对节目多么不感兴趣，一定要懂得尊重他人。等演员出来谢幕退场了，才可退场。

入住酒店，如何展现你最大的魅力

衡量一个人的真正品格，是看他在知道没有人会发觉的时候做什么。

——孟德斯鸠

酒店是人们在日常生活中不可缺少的环节，在开始关于酒店的话题之前，请记住一点，再贴心的酒店也并不是你的家，它只是你作为客人暂时租用的一个地方，不论你花了多少钱入住，仍要遵守规定，保持必要的礼貌。

入住酒店

入住酒店前，最好提前通过电话或网络预约，告诉服务人员准备哪天入住，入住几天，需要什么样的房间，申请住房人的姓名，当然一定要问清房价。

大多数酒店都会在一定的时间内保留你的预订。如果你比预订时间到达晚得多，为了避免被取消，要尽快电话通知酒店方。另外，如果你要取消房间，也要有礼貌地及时打电话取消，酒店也可以把房间租给别人。

> 出门在外要有安全意识，进出房间要随手关门，有些客人在进入房间后，门虽然锁了，但门的保险链却总是忘记挂好，这也要多加注意。

在客房

客房不是你的私有财产，对待你租用的房间也能看出一个人的人品和文化修养。入住客房后，不要在墙上涂写乱画，不要弄脏家具和地板，也不要在床上抽烟。电视的音量要适中，不可太早或太晚开电视，注意不要影响别人的休息。还有应该注意交谈的音量，不要影响到其他客人的休息。使用完卫生间以后，要随手清理干净，就算做不到专业清洁人员那样，也要至少把自己落在洗手间里的随身小物件收拾妥当。

现在很多酒店除了熨洗衣服外，设施和服务越来越齐全，比如，送餐到客房、取送传真文件、邮寄信件及包裹、按摩、旅游向导以及订购机票之类，如果你有这方面的需要，可以打电话到服务台询问相关办理事宜，或是认真阅读客房里的服务说明书。

在酒店的公共区域

在酒店里，客房之外都是公共场所，与在街道上行走一样，不要穿着睡衣或浴衣在走廊或大厅里转来转去。不要在这些地方大声说话或吵闹，只要入住酒店，就要考虑到无论什么时候都会有客人正在休息。如果身边有小朋友，也要教育他们轻声说话、轻手开关门，不要在过道或电梯里追逐打闹。

小费到底该给多少

全世界几乎所有的餐馆在结账单上都会加上一个服务费，这实际上已包含了小费在内。如果对方的服务特别令人满意，你愿意多给的话，可以象征性地多给5%的小费就够了。

如果你不能确定结账单里是否包括服务费，你可以直接询问对方，问清楚以后再做决定付与不付，以及具体支付多少。

在欧洲很多国家，对为你提供服务的行李搬运工、旅行团的导游、司机、酒店门口为你叫出租车的服务人员以及客房清洁人员都应该付给小费。

无论在大厅办理手续还是吃自助餐，如果有人在你前面，就要按顺序排队等候。如果你去酒店高级餐厅进餐，不论是否订位，都应在餐厅入口处，请服务人员把你的大衣、帽子以及雨伞等寄存在衣帽间。如果希望饭店送食物进客房，可

要求"房间服务",不过这比在餐厅吃要贵一些,而且小费也要付现金,尤其是在国外,付小费是你对为你服务的人表示的一种赞赏和感谢。

退房

在准备退房之前,可以先给前台打个电话通告一声,尤其是赶上正午,退房结款的人往往会比较多。如果行李很多,可以请酒店安排服务人员来帮你提行李。如果不小心弄坏了饭店的物品,也不要隐瞒,而是勇于承担责任,并加以赔付。结完账,礼貌地致谢,道别。

最高机密！别让优雅与体贴分开

> 对别人有礼貌和体贴就像投资一分钱却得到一块钱的回报。
>
> ——托马斯·索威尔

如果"优雅"让你有高高在上的感觉，那就完全背离了气质女神的精神，优雅女人的气质修养和对他人的体贴是不应该分开的。人和人之间一定要平等，互相尊重，你对别人的态度与你希望别人对你的态度一样。从"为他人着想"的角度出发，你的人际关系就会变得融洽，也能够建立人与人之间的信任和理解。

很多留学国外的学子都有过这样的体会：人与人之间总是非常友善，见到任何一个人从面前走过去都会说一句"Hello（你好）"。也许自己刚开始还不是很习惯，但后来就会渐渐适应，并且喜欢上当地人的这种热情。

> 如果你能给每个人带去毫不吝啬的真心的微笑，不仅能使你保持愉快的心情，也能给别人带来精神上的鼓舞。

其实，这种热情只是出于礼貌，只是表示友善，你大可不必做得太过分，就像商店的营业员一样，他们经常会说"How are you"（你好吗），你只需要面带微笑，并微微点头回一句"I'm ok"（我很好），就足以表达优雅与体贴的礼仪了。

优雅女人是如何与老人相处的

1. 和老人说话语速不能太快，要说得清晰明亮。有些老人的听力并不是很差，只是反应稍微慢了一些，所以，你要有耐心地一遍遍说给他们听。

2. 也许你认为说话时夹几句英文或是网络用语都是很时髦的事情，但千万别对老人这样说。除非他们对此表现出兴趣，你再认真地解释给他们。

3. 现在适合老年人的活动丰富多彩，你要用的自己的实际行动关心老人的精神世界，鼓励他们有自己的兴趣爱好。

4. 过马路时如果发现有行动不便的老人，可以先问问对方："我搀您一下好吗？"得到同意后再触碰他们的身体。

结束语 优雅女人的一天 Conclusion

当你看到本书《优雅女人的气质修养与社交礼仪》时，你会觉得什么样的女人才是优雅的呢？奢华、高贵、出入高级的上流社会……于是，在很多人眼里，追求美、追求优雅往往变得奢侈起来。而奢侈有时候也可以理解为为追求而付出的代价。

再翻开目录看时，想必大家都已经注意到了，其实，优雅女人并不像很多人想象的那么难以捉摸，也不是什么电视剧里的女主角，实际上，她们和我们一样，也要度过平凡的每一天。要说有什么不同，仅仅是因为她们擅长找到最自然、最舒适的事物并将它们整合在一起，形成了一套"适合自己的""优雅的"生活方式。这样的生活方式不仅不会让人们感到疲惫，反而能使人们的心灵变得更加美丽。

其实，美丽、优雅的生活永远都没有终点，也没有谁的生活方式是最好的。这不是一本列出许多条条框框的书，只是一本讲述什么是优雅的书。本书的主旨是激发和调动你身上与生俱来的优雅潜力，帮你搞清楚自己到底希望以什么形象呈现在世人面前，使追求优雅成为你的一种乐趣。

如果你在实现这个目的的过程中发现随着年龄的增长，我们身边的环境、兴趣、爱好也会随之发生变化，为此，你只需要一点点地不断改变，你的生活终有一天会发生意想不到的变化。正如一位作者给女性优雅所下的定义："优雅是一种经后天的努力与修炼达成的美。它不仅不会随岁月的改变而消失，反而会在岁月的打磨中日臻醇香。"

无论何时何地，只要我们看到的、听到的、接触到的、品尝到的都是美好的事物，那么，我们的生活就不会无趣，每一天都是绚丽多彩的。要知道，人们完全可以通过一切美好的东西和美好的行为得到慰藉。

如果通过阅读本书对你的美好人生有了一点帮助，或者在这个世界上多了一个与我一样的对优雅生活的执着者，对我来说，就是再幸福不过的事情了。

最后，感谢读者朋友们，感谢大家对本书的支持！